自动化机构设计
工程师速成宝典

高级篇
——凸轮机构设计7日通

柯武龙　编著

机械工业出版社
CHINA MACHINE PRESS

本书取名《凸轮机构设计7日通》，并不是传统意义上的教材，更像是读书笔记或设计总结，同时也是《自动化机构设计工程师速成宝典》系列篇章的"高级篇"，主要论述的是"凸轮机构设计"专题。

高级篇建立在实战设计需求的基础上，用通俗易懂的语言深入浅出地阐释了大量凸轮机构设计的"艰涩理论"（比如凸轮的认识、曲线规律的选取、轮廓曲线的建立、时序图的绘制等，侧重实际工作用得上的内容），并通过范例演示和讲解呈现实际设计的流程、方法、建议，能有效地帮助读者在"啃不动"理论和"不抛弃"理论的矛盾中找到折中点，克服因专业教材深奥而产生的"阅读恐惧症"。

本书主要面向从未做过凸轮机构、理论基础薄弱的设计新人（经验不限），帮助其从"小白阶段"起就能迅速掌握该类机构的设计方法、原则和技巧。

图书在版编目（CIP）数据

自动化机构设计工程师速成宝典. 高级篇：凸轮机构设计7日通／柯武龙编著. —北京：机械工业出版社，2019.8（2024.1重印）
ISBN 978-7-111-63502-4

Ⅰ. ①自…　Ⅱ. ①柯…　Ⅲ. ①自动化－机构综合 ②凸轮机构－设计　Ⅳ. ①TH112

中国版本图书馆 CIP 数据核字（2019）第 177544 号

机械工业出版社（北京市百万庄大街22号　邮政编码100037）
策划编辑：何月秋　责任编辑：何月秋　贺　怡
责任校对：王　欣　封面设计：马精明
责任印制：单爱军
北京虎彩文化传播有限公司印刷
2024 年 1 月第 1 版第 6 次印刷
169mm×239mm·12.75 印张·290 千字
标准书号：ISBN 978-7-111-63502-4
定价：69.00 元

电话服务　　　　　　　　　网络服务
客服电话：010-88361066　　机　工　官　网：www.cmpbook.com
　　　　　010-88379833　　机　工　官　博：weibo.com/cmp1952
　　　　　010-68326294　　金　书　网：www.golden-book.com
封底无防伪标均为盗版　　机工教育服务网：www.cmpedu.com

序

2013 年 4 月，德国在汉诺威工业博览会上首次提出"工业 4.0"战略，其后迅速在全球引起研讨热潮。紧接着，美国发布了《加速美国先进制造业》，日本提出了《日本机器人新战略》，我国也发布了《中国制造 2025》。一场全球性的工业变革正在酝酿，世界工业发展将逐步迈向以物联网、移动互联网、大数据、云计算等新兴技术为主要特征的新阶段。

在这样的背景下，国内制造业迎来了特别的时代，国家发布智能制造发展战略，地方政府纷纷出台激励和补贴政策，企业也在积极推行自动化改造，"机器换人"正在许多企业如火如荼地开展。但是，我国的传统制造业比重较大，无论管理水平还是技术能力都有待提高，在推进自动化的过程中存在诸多困难、误区。例如，有的企业没有建立自动化技术和设备管理维护团队，就盲目导入自动化，结果发现设备很难开动起来；有的企业生产的产品附加价值低，或者生产要求并不严苛，用普通非标自动化设备即可完成生产，却非要去采购国外昂贵的高精尖设备；有些媒体对工业机器人的夸大宣传，导致部分企业片面地认为使用了工业机器人就等于自动化了……

工业 4.0 愿景很美好但还很遥远，更像是一个概念性的事物。当前绝大部分企业应该从务实进取的角度出发，一方面紧跟制造业趋势，阶段性地规划和实施自动化技术改造，争取尽快全面实现工业 3.0（自动化生产）；另一方面要着力于多层次专业人才和技术团队建设，这是企业推行自动化以及升级智能制造水平的前提和根本。

企业大量从业人员都是从企业内部成长起来的，机器换人的落地和推行，也必然会吸引其他行业或社会人员转行转岗于自动化。那么，要避免行业技术群体的良莠不齐，就必须依靠教育培训来加强员工的知识储备和能力。然而，我国在自动化机构设计方面起步较晚，市面上也很难找到一本接地气的实用培训教材；学校传统理论和企业应用之间出现了认知上的沟壑，学校培养的学生也很难在企业刚入职就可以上手——学校和企业之间需要一座连接的知识桥梁，而本书正是这样一本为入职者架起的一座迈入企业大门，顺利上岗工作的成功之桥。

本书编者结合多年企业的工作实践，为自动化机构设计人员编写了本书，作为高等院校机械或自动化相关专业学习的补充。本书具有非常强的针对性和实战性，也可作为企业员工或社会人员业余加强从业技能的"技术快餐"，帮助我们的行业新兵迅速融入企业，更好更快地在技术工作中成长和提升。

师傅领进门，修行在个人，在此，衷心希望本书把大家领入成功的大门。

重庆大学教授、博导、国家级突出贡献专家　刘飞

前言

本书并不是传统意义上的教材，更像是读书笔记或设计总结，同时也是《自动化机构设计工程师速成宝典》系列篇章的"高级篇"，之所以重新命名独立成册，原因是：

1）本书论述的是比较小众的"凸轮机构"，定义的读者范围相对较小，内容侧重应用，对科研人员来说，略显粗浅。主要面向没有经验、想了解凸轮机构内在机理和实际做法的设计新人，也面向有设计经验但缺乏专业理解或心得的职场老兵。

2）原来并没有出版这本书的计划，但由于先前出版的入门篇、实战篇市场反响不错，也积累了不少读者粉丝，能真切感受到该套书的社会价值和职场影响，才决定把高级篇和规范篇也陆续推出。

目前市场上相似的图书不多，且大部分是翻译国外教材或者依据传统凸轮机构理论展开，论述倒是严谨、系统，但也带来理论性太强、公式繁琐之类的问题，让从业人员产生"阅读恐惧症"。另外，凸轮机构毕竟是一个古老而精巧的机构，把理论抛诸脑后也常常让设计人员产生诸多类似这样的疑问、困扰：不知道什么时候该用凸轮机构；不熟悉凸轮机构的深层机理，很怕会做"失败"；复制别人的机构，但效果没别人的好；不知道如何着手从零开始设计凸轮机构，对教材的 MS、工作端、C 因子等名词不理解……如何在"啃不动"理论和"不抛弃"理论的矛盾中找到折中点，是职场技能教材编写模式方面值得思考的课题。

本书做了一个颠覆性的尝试，在编写风格和内容架构上，突出语言大众化、理论通俗化、内容实战化的特色。换言之，不追求理论体系的面面俱到，也没有过多深入的探讨，本书建立在实战设计需求的基础上，用通俗易懂的语言深入浅出地阐释了大量凸轮机构设计的"艰涩理论"（比如对凸轮的认识、曲线规律的选取、轮廓曲线的建立、时序图的绘制等，侧重实际工作中用得上的内容），并通过范例演示和讲解呈现实际设计的流程和方法，也有大量建议和注意点提示，只要读者能认真阅读，一定会有所收获。

诚然，要成为真正的"设计高手"，读者还必须投入精力去研读更多的专业教材，也需要很多自己的思考、总结和实践……但在入门阶段，是需要有一些"功力和招式"的，希望本书能够切实帮助读者快速掌握凸轮机构实战设计的常识、流程和技巧，提高读者对该类专用机构的设计技能，早日领悟到设计的精髓。

在本书的编著过程中，本人参阅和借鉴了工作和网络资料，由于素材缺乏版权和作者信息，未能一一列明出处，在此深表歉意；我们真诚恭候您的诉求和建议，并且将在再版时结合您的建议加以完善。

编　者

于东莞

目录

第❶日
凸轮的基础知识

1.1 凸轮(机构)概述

常见的自动化设备机构形式有很多种,受制于具体项目的条件和需求,在设计过程中难免要有方向性的抉择。此外,从技术角度看,同一个工况可能适用的机构类型有若干种,也需要选择。正如我在"速成宝典"其他篇章所言,无论采用什么样的机构形式,绝大多数企业都注重"投入产出比",所以技术可行性方面的考虑固然重要,但并不能单纯从技术角度去权衡。凸轮机构的"技术性能优越",但在很多公司内其实并没有得到推广应用,往往就是因为"公司产品特性和制程工艺用普通机构也能达到生产制造目的",用凸轮机构"不划算"。那么,如何相对合理地评估和决策呢?

首先,必须从本质上理解各种常见的机构形式及其应用特点,见表1-1,在专业认知上需要有一定的储备,在品质管控上不要轻易妥协。举个例子,现在有一个插针项目,要求每分钟插 600 根针到塑胶上,根据需求我们应该清楚凸轮机构是首选(特点如图 1-1 所示),采用普通机构则不太能保障,那么就应该建议和坚持采用这种方式。

表 1-1　常用的机构形式及其应用特点

普通机构	这里的普通,是相对来说的,指那些常用而没有"突出"特点的机构类别。设计灵活,价格可控,可以实现直线运动、回转运动、直线和回转运动的转换等,但某些制程或工艺实现较困难,比如要求高速、运动规律精确、作业空间狭小等,有时无从下手
凸轮机构	突出的高速和平稳运行性能,尤其适用工艺简单但重复性高或者装配密度大的场合,如高速插针。但拓展性差,且不太适合大负载或动作过于繁杂的工艺。与连杆机构相比,凸轮机构最大的缺点是点、线接触,易磨损;与其他机构相比,凸轮机构最大的优点是可实现各种预期的运动规律
连杆机构	构件之间低副(面)接触,不能传递精确的连续运动规律,同样可以实现高速作业,运转精度和承载能力俱佳,但设计较复杂(尤其参数计算和动作模拟),应用场合有限
机器人	典型的柔性兼智能机构形式,几乎可以完全取代手工,速度一般,应用广泛,比较适合散件装配和特殊要求的工艺,如焊接、搬移、爆破等。但投资相对较大,较适合产品高附加值行业,相关技术和核心部件,一般由专业厂商提供,设计人员偏重"应用集成"

在技术可行性没有多大问题的前提下,把握好因地制宜和经济适用原则(注:

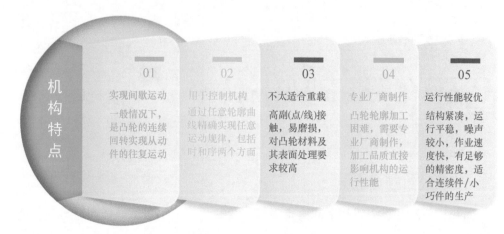

图 1-1　凸轮机构的特点

因地制宜原则优先于经济适用原则）。每家公司甚至部门主管都有自己的"技术导向"，需要在了解的同时将其体现在设计上。如果公司对哪类机构形式没有特别"癖好"，则坚持一个原则：能省则省，把事办了。举个例子，另外有一个插针项目，要求每分钟插 60 根针到塑胶上，这时凸轮机构和普通机构在功能达成上都可行，到底用哪种形式呢，上述两个原则是很好的指导思想，倘若自己无话语权，为什么要作无谓的纠结？单纯从技术角度看，则主要评估是否要利用凸轮来实现任意规律，是否导引、导向的轨迹复杂（见图 1-2 和图 1-3），是否工作循环要可

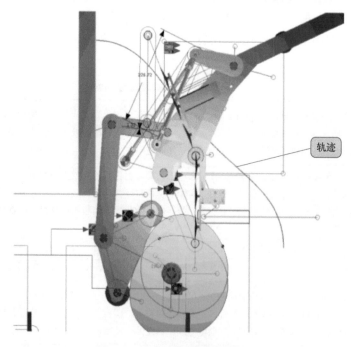

图 1-2　利用凸轮实现特殊轨迹

控（见图1-4），是否速度上有较高要求……如不是则未必要用到"凸轮机构"。

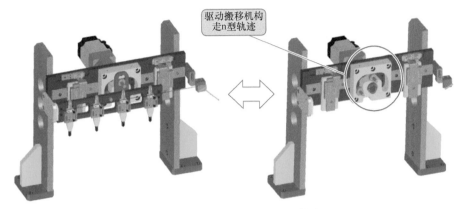

图1-3　驱动搬移机构走 n 型轨迹

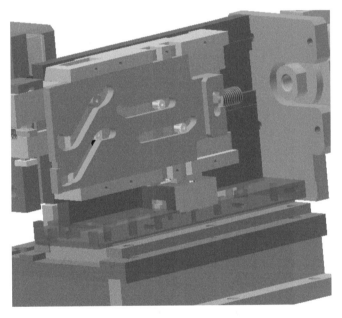

图1-4　从动件工作循环可控

作为《自动化机构设计工程师速成宝典》系列之一，本书为"高级篇"，主要介绍"凸轮机构"，为广大设计新人梳理和总结该类型机构的实战设计方法、原则和技巧，并结合作者的工作经验提出建议。由于篇幅有限和编写导向问题，再考虑到读者群的特点（普遍学历不高，高学历者可能从业多年也已淡化了理论）和按需论述的原则，部分案例并未深度剖析，理论内容也不太系统（舍弃大量不易理解的公式、图表），因此请广大读者在阅读过程中，一方面多结合实际工作加以验证，另一方面多查阅专业理论教材加以拓展，在阅读过程中请反复咀嚼、理解、践行。

1.1.1 凸轮的工作原理及运动规律

凸轮是一个具有曲线轮廓或凹槽的通过高副接触的构件，遵循的原理千篇一律，本质上是一个传动构件。凸轮机构则是一个包含凸轮、机架、执行机构等的"构件组合"，呈现的形式千差万别，一般用于功率不大、行程不大的场合。正如我们设计气动机构首先要了解气缸，设计凸轮机构的前提则是把凸轮这个构件搞懂。如图 1-5 所示，形象地说，凸轮机构 = 机架 + 凸轮 + 从动件，凸轮机构名称 = 从动件运动形式 + 从动件形状 + 凸轮形状，比如"摆动滚子从动件圆柱凸轮机构"。

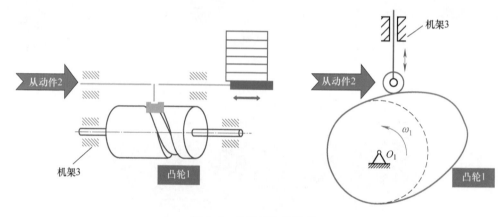

图 1-5　凸轮机构的构成

1. 凸轮的工作原理

从动件的不同运动规律，要求凸轮具有不同的轮廓曲线，在此前提下，凸轮在一个工作循环中，依次按设计预期，完成升程、回程和停留环节的运动。凸轮一般是匀速回转，从动件则按凸轮曲线规律运动。而在各个环节中，我们**重点关注凸轮的升程和回程段曲线，因为这部分对应着从动件"运动"始末点的状态和过程**。如图 1-6 所示，我们称之为凸轮工作循环图，其中位移曲线图描述从动件位移和凸轮转角（注：横坐标也可表示为时间 t）之间的函数关系，是凸轮工作原理最直观的描述工具。为了便于后续展开论述，需要熟悉以下基本概念，尤其是基圆、升程角和行程。

● **基圆**　以凸轮最小半径 r_0 所作的圆，一般记为 r_b（注：滚子推杆盘形凸轮的基圆半径是从凸轮回转中心到凸轮理论廓线的最短距离）

● **升程角**　δ_0，从动件从起点到终点运动过程中凸轮转过的角度。

● **远休止角**　δ_{01}，从动件在终点维持不动过程中凸轮转过的角度。

● **回程角**　δ_0'，从动件从终点到起点运动过程中凸轮转过的角度。

● **近休止角**　δ_{02}，从动件在起点维持不动过程中凸轮转过的角度。

● **行程**　h，从动件从起点到终点走过的位移/距离。

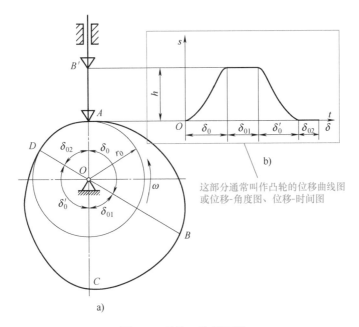

这部分通常叫作凸轮的位移曲线图
或位移-角度图、位移-时间图

图 1-6　凸轮工作循环图

2. 凸轮的运动规律

凸轮的运动规律一般指的是从动件的运动规律，其与凸轮曲线的规律是一致的，即从动件在运动过程中，其位移、速度和加速度随时间变化的规律，轨迹通常是直线或圆弧。按从动件在一个循环中是否需要停歇及停在何处等，可将从动件位移曲线分成四种基本类型，如图 1-7 所示，且基本类型可以进一步组合成其他形式。

在凸轮位移曲线图中，我们重点关注的是从动件"升程"和"回程"的运动规律（曲线），希望了解的是从动件在该过程或者起始点的一些运动状态，而这些通常会用类似速度、加速度之类的参数来定义和描述。对于同一种从动件的运动规律，使用不同类型的从动件所设计出来的凸轮的实际轮廓是相同的。

1.1.2　凸轮及从动件的类别

1. 凸轮的分类

根据轮廓曲线的空间布置，凸轮分为空间凸轮（常见的是圆柱凸轮，此外还有特殊的圆锥凸轮、曲面凸轮等，后者不常用，本书略过）和平面凸轮（常见的是盘形凸轮和移动凸轮），如图 1-8 所示。盘形凸轮机构的行程不宜过大，相对来说，行程较大的场合可考虑采用圆柱凸轮机构。

2. 从动件的分类

根据运动形式，从动件主要有摆动和直动两种，分别实现连续回转到直线移动或摆动的传动转换，如图 1-9 所示。根据从动件的接触形式，分为尖顶、滚子

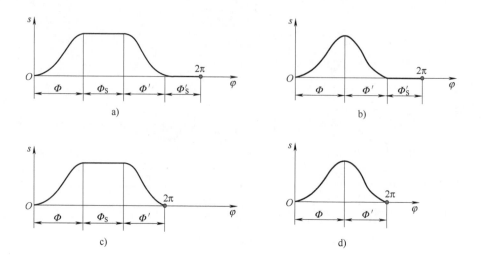

图1-7　凸轮从动件位移曲线的基本形式

a）升-停-回-停型（注：这个是连杆乃至其他机构不易实现的运动规律类型）　b）升-回-停型

c）升-停-回型　d）升-回型（注：无停留类型，如无特殊要求，用连杆机构也能实现）

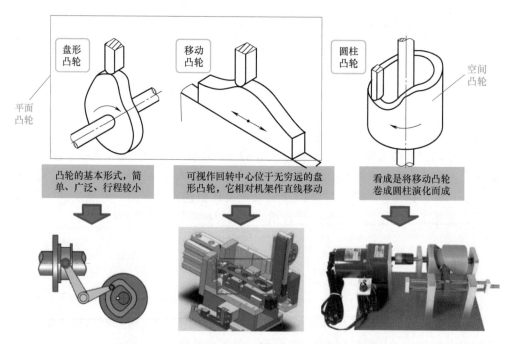

图1-8　根据轮廓曲线的空间布置划分的凸轮类别

和平底三类，注意各自特点和适用场合，如图1-10所示，其中滚子从动件类型较常用（注：该类型凸轮机构，理论轮廓曲线与实际轮廓曲线是不重合的，使用滚子从动杆的凸轮机构，滚子半径的大小，对机构的运动规律是有影响的）。一般来

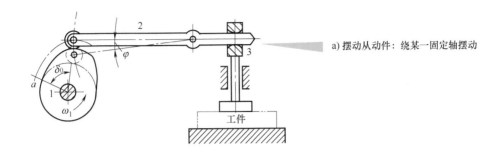

a) 摆动从动件: 绕某一固定轴摆动

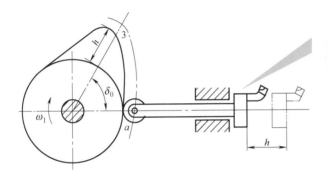

b) 直动从动件: 沿某一导引通道作往复移动, 有对心和偏置两种类型

图 1-9 根据运动形式区分从动件

1—凸轮 2—杠杆 3—执行元件

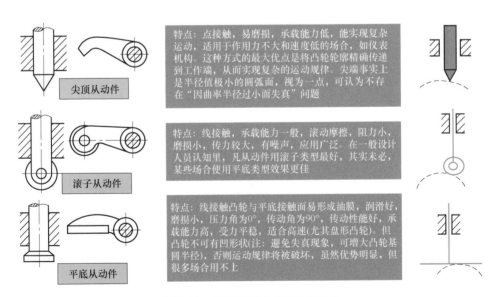

特点: 点接触, 易磨损, 承载能力低, 能实现复杂运动, 适用于作用力不大和速度低的场合, 如仪表机构。这种方式的最大优点是将凸轮轮廓精确传递到工作端, 从而实现复杂的运动规律。尖端事实上是半径值极小的圆弧面, 视为一点, 可认为不存在"因曲率半径过小而失真"问题

尖顶从动件

特点: 线接触, 承载能力一般, 滚动摩擦, 阻力小, 磨损小, 传力较大, 有噪声, 应用广泛。在一般设计人员认知里, 凡从动件用滚子类型最好, 其实未必, 某些场合使用平底类型效果更佳

滚子从动件

特点: 线接触凸轮与平底接触面易形成油膜, 润滑好, 磨损小, 压力角为0°, 传动角为90°, 传动性能好, 承载能力高, 受力平稳, 适合高速(尤其盘形凸轮)。但凸轮不可有凹形状(注: 避免失真现象, 可增大凸轮基圆半径, 否则运动规律将被破坏, 虽然优势明显, 但很多场合用不上

平底从动件

图 1-10 根据接触形式区分从动件

说, 平面凸轮可以采用尖顶、滚子、平底等形状的从动件, 空间凸轮通常只能采用滚子从动件。从动件高副元素形状应根据凸轮机构的应用场合确定, 例如平底

直动从动件（注：一般应使平底从动件与凸轮相接触部分的硬度略低于凸轮的硬度，因为更换从动件比更换凸轮更简便，且成本低）盘形凸轮机构，其压力角恒等于 0，为了保证从动件运动不"失真"，要求凸轮轮廓全部外凸且平底要足够长。

此外，根据凸轮和从动件的接触保持方式，分为力封闭和几何封闭两种，如图 1-11 和图 1-12 所示。力封闭是指利用从动件的重力、弹簧力或其他外力使从动件始终保持和凸轮接触，此方法锁合外力对机构增加额外的负荷，是一项不利的因素。几何封闭是指利用凸轮和从动件构成高副元素的特殊几何结构，使凸轮和从动件始终保持接触，此方法几何尺寸增加是一项不利的因素。

力封闭　　　　　　几何封闭

图 1-11　根据接触保持方式区分的从动件

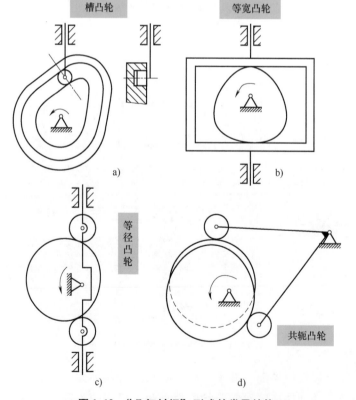

槽凸轮　　　　　　等宽凸轮

等径凸轮

共轭凸轮

a)　　　　b)　　　　c)　　　　d)

图 1-12　"几何封闭"形式的常见结构

3. 关于共轭凸轮

"共轭"意思是"按一定的规律相配的一对"。共轭凸轮，就是两片孪生凸轮固连为一体，在升程和回程时互补，以确保（刚性连接的）从动件运动始终处于"几何封闭"状态，如图 1-13 所示。它是一种采用双滚子消除凸轮机构高副接触元素间隙的手段，而凸轮上的两个轮廓侧面必须分别按相应的滚子在从动件上的位置参数进行设计。一般情况下，一个凸轮从动件完成正行程运动，另一个凸轮从动件完成反行程运动。如图 1-14 所示的凸缘式凸轮则为广义上的共轭凸轮。共轭凸轮克服了等宽、等径凸轮的缺点，但也带来了结构复杂、制造精度要求高的问题。

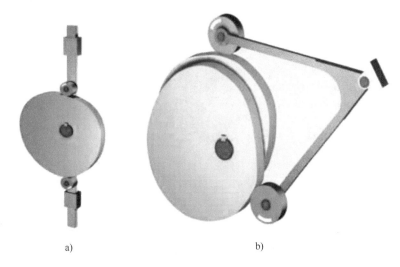

a) 　　　　　　　　　　　　　 b)

图 1-13　共轭凸轮结构

a）直动共轭凸轮　b）摆动共轭凸轮

1.1.3　凸轮轮廓设计（以平面盘形凸轮为例）

对于一个机构来说，我们要设计凸轮轮廓，主要工作集中在升程和回程那段曲线的确定以及各运动区间的角度分配方面。以平面盘形凸轮为例，如图 1-15 所示，其中点 P，我们称之为瞬心，即互相做平面相对运动的两构件上，瞬时相对速度为零的点，或者认为是瞬时速度相等的重合点。

P 为相对瞬心（注：从动件和凸轮该点速度相等），则根据圆周线速度 v 和角速度 ω 的关系有：

$$OP = v/\omega = \mathrm{d}s/\mathrm{d}t/\mathrm{d}\varphi/\mathrm{d}t = \mathrm{d}s/\mathrm{d}\varphi$$

$$s_0 = \sqrt{r_\mathrm{b}^2 - e^2}$$

压力角正切公式为

$$\tan\alpha = \frac{\dfrac{\mathrm{d}s}{\mathrm{d}\varphi} - e}{s + \sqrt{r_\mathrm{b}^2 - e^2}}$$

图 1-14　广义上的（凸缘式）共轭凸轮

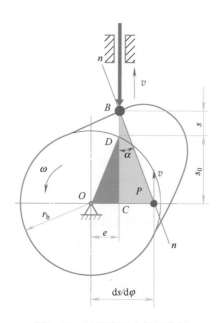

图 1-15　平面盘形凸轮示意图

【注意】　类似 ds/dt 和 $d\varphi/dt$ 与从动件的运动规律有关，分别相当于位移和角位移对时间的导数，当运动规律选定了，则 $ds/d\varphi$ 为常数。如果这种微积分表达式看不懂的话，可暂时不管。实际在设计时，一般软件能直接生成压力角等参数的表单或数据，无须计算即可进行参数校核。

【案例】　如图 1-16 所示，在直动推杆盘形凸轮机构中，已知行程 $h = 20$mm，升程运动角 $\delta_0 = 45°$，基圆半径 $r_b = 50$mm，正偏距 $e = 10$mm。试计算等速运动规律时的最大压力角 α_{max}。

【解析】　升程为等速运动规律时，$ds/d\varphi = h/\delta_0 = 20/(\pi/4)$ mm $= 25.48$mm $=$ 常数，$s_0 = \sqrt{50^2 - 10^2}$ mm $= 48.99$mm，由于正偏置，由压力角正切公式可知 $s = 0$ 时 $\alpha = \alpha_{max}$，即 $\tan\alpha = (25.48 - 10)/48.99 = 0.316$，根据反函数正切公式求出压力角 $\alpha_{max} = \arctan 0.316 \approx 18°$。

【提示】　如果是圆柱凸轮呢，压力角相关参数又是怎样的定义？圆柱凸

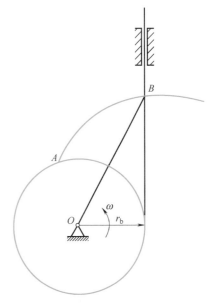

图 1-16　直动推杆盘形凸轮机构示意图

轮的基圆柱面展开后，得到的是平面移动凸轮轮廓。x 轴表示凸轮的圆周方向，y 轴为从动件的移动方向，当从动件的运动规律给定后，理论轮廓随着基圆半径 R_b 的增大而趋于平缓，从而减小机构的压力角，增大展开轮廓曲率半径（绝对值）。假设许用压力角 $[\alpha]$，一般要求空间凸轮机构的 $[\alpha] = 55° \sim 60°$，$\tan\alpha = (ds/d\varphi)/R_b$，取 $ds/d\varphi$ 的最大值 A，则基圆柱半径 $R_b \geq A/\tan[\alpha]$，而 $ds/d\varphi$ 与具体曲线规律 $s = s(\varphi)$ 有关系，也就回到我们前面探讨的内容，以此类推。当然，实际基圆柱半径取值还需考虑最小曲率半径问题，请广大读者翻阅相关教材研读。

1. 设计轮廓需要确定的参数

（1）基圆半径 r_b　从机构紧凑的角度来看，我们期望凸轮的基圆越小越好（注：盘形凸轮的结构尺寸与基圆半径成正比），凸轮的基圆尺寸越大，推动从动杆的有效分力也越大。假设轴半径 r_S，一般根据结构和强度的需要，按经验公式 $r_b \geq (1.6 \sim 2) r_S$，初步选定凸轮基圆半径 r_b。然后校核压力角，以满足 $\alpha_{max} \leq [\alpha]$，$\rho_{min} > 0$，$\rho_{min}$ 为理论轮廓曲线外凸部分的最小曲率半径，$[\alpha]$ 是许用压力角。一般来说，盘形凸轮的基圆半径可根据压力角正切公式反推得到，即

$$r_b \geq \sqrt{\left(\frac{ds/d\varphi - e}{\tan[\alpha]} - s\right)^2 + e^2}$$

（2）压力角 α　压力角是指在不计摩擦力、重力、惯性力的条件下，机构中驱使从动件运动的力的方向与从动件上受力点的速度方向所夹的锐角，一般是

动态变化的。压力角对凸轮机构的受力状况有直接影响，在运动规律选定之后（例如：等速运动规律的最大压力角出现在升程起始位置，即从动件的初始位置；等加、等减、简谐运动规律的最大压力角出现在从动件具有最大速度的位置），它主要取决于凸轮机构的基本结构尺寸。换言之，压力角不仅影响凸轮机构传动是否灵活，而且影响凸轮机构的尺寸是否紧凑，改善机构受力和减小凸轮的尺寸是相互矛盾的，在确定凸轮基圆半径尺寸时，首先应考虑压力角的影响，再考虑凸轮的外形尺寸。在其他条件相同的前提下，当基圆半径一定时，盘形凸轮的压力角与行程的大小成正比。

1）升程的直动从动件取 $[\alpha] \leqslant 30°$，摆动推杆取 $[\alpha] \leqslant 40°$。回程通常不会引起自锁问题，但为了使从动件不产生过大的加速度从而引起不良后果，通常取 $[\alpha] \leqslant 75°$。校核过程中发现最大压力角 $\alpha_{max} > [\alpha]$，则应重新设计凸轮轮廓线，减小升程压力角，措施主要有三个：增大基圆半径，采用正偏距，增大滚子半径。例如设计滚子推杆盘形凸轮机构时，若发现工作廓线有变尖现象，则在尺寸参数改变上可采用的措施是增大基圆半径和减小滚子半径；又例如设计凸轮机构时，若量得其中某点的压力角超过许用值，可以用增大基圆半径或采用合理的偏置方位的手段来应对。

2）当要求机构具有紧凑的尺寸时，应当按许用压力角 $[\alpha]$ 来确定 r_b。从动件的运动规律确定后，r_b 越小，α 越大；升程压力角减小，则回程压力角会增大。α 也代表了凸轮的坡度，α 越大，轮廓线越陡，从动件上升越费力，凸轮转动越沉重，大到一定值时将发生自锁（动不了）；α 越小，则越轻快，但相同升程下，凸轮尺寸就会越大。

（3）偏距 e　当 $e = 0$ 时，则为对心；$e \neq 0$ 时则为偏距。偏距的方向选择得当时，可使压力角减少，反之会使压力角增大。在基圆 r_b 不变的情况下，偏距 e 越大，会造成凸轮的尺寸越大。通常从动件偏置在升程时应和瞬心 P 的位置在基圆中心的同侧，这样有利于减小从动件压力角，如图 1-17 所示。

（4）滚子半径 r_T　受其强度和结构设计限制而不能太小，应取 $r_T = (0.1 \sim 0.5) r_b$，且小于理论轮廓的最小曲率半径 ρ_{min}。滚子半径 r_T 大，则传动轻快，接触面积充分，局部应力小，同时滚子轴直径也较大，负载强度高，不易弯曲。图 1-18 所示的直动滚子从动件凸轮机构，假设凸轮实际作用在随动器（滚动圆周面）的负载为 0.3kN，我们可以选择 CFUA8-19（见表 1-2），甚至更大的型号规格。

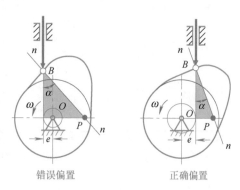

错误偏置　　　　　正确偏置

图 1-17　从动件的偏置建议

表 1-2　某个品牌的凸轮随动器规格表（节选）

型号	形式 d (h7/mm)	D/mm	M×螺距/mm	B/mm	B1/mm	L/mm	l/mm	r/mm	f(最小)/mm	H/mm	基本额定负载 普通低尘 C(动)/kN	C0r(静)/kN	重负载 C(动)/kN	C0r(静)/kN	最大容许负载/kN 普通低尘	重负载	轨道负载容量/kN 普通低尘	重负载	极限转速/(r/min) 普通低尘 带密封圈型	无密封圈型	重负载 带密封圈型
（带密封圈型） CFUA CFUAS	3 (0 / −0.010)	10	3×0.5	7	8	17	5	0.3	6.8	2(1.5)	1.47	1.18	—	—	0.36	—	0.37	—	32900	47000	—
CFUAC	4 (0)	12	4×0.7	8	9	20	6		8.6	2.5(2)	2.06	2.05	—	—	0.78	—	0.47	—	25900	37000	—
CFUAG	5	13	5×0.8	9	10	23	7.5	0.5	9.7	3(2.5)	3.14	2.77	—	—	1.42	—	0.53	—	20300	29000	—
	6 (−0.012)	16	6×1.0	11	12	28	9		11	3	3.59	3.58	6.94	8.50	2.11	2.11	1.08	1.08	17500	25000	4400
	8	19	8×1.25	12	13	32	11	1	13	4	4.17	4.65	8.13	11.20	4.73	4.73	(1.37)	1.37	4000	20000	3480
（无密封圈型） CUA	10 (−0.015 / 0)	22	10×1.25	13	13	36	13		15	5	5.33	6.78	9.42	14.30	5.81	5.81	1.67	1.67	11900	17000	2880
CUAS		26															2.06	2.06			

图 1-18　凸轮随动器（滚子）的选用

但是滚子从动杆的滚子半径选用得过大，可能会使运动规律"失真"。如图 1-19 所示，理论轮廓 ρ 和实际轮廓 ρ_a 有关联，为了防止磨损过快，一般要求实际轮廓的最小曲率半径 $\rho_{amin} \geqslant 5mm$，如若不满足应增大基圆半径 r_b 或者适当减小滚子半径 r_T，或者修改轮廓尖点位置，或者修改行程 h。当理论轮廓内凹时（见图 1-19a），$\rho_{amin} = \rho_{min} + r_T$，无论滚子半径多大，实际轮廓平滑，正常。当理论轮廓外凸时，$\rho_{amin} = \rho_{min} - r_T$，$\rho_{amin} > 0$ 时，实际轮廓线光滑（见图 1-19b）；$\rho_{amin} = 0$

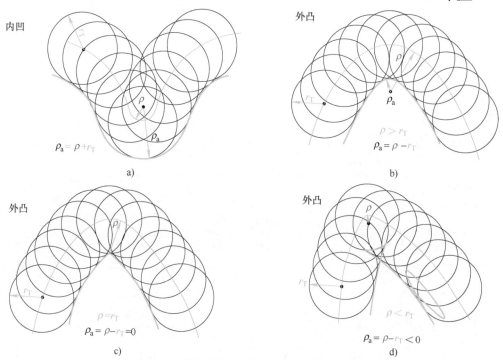

图 1-19　轮廓曲率半径和凸轮滚子半径的关系

时，出现尖点，易磨损，导致运动规律变异（见图 1-19c）；$\rho_{amin} < 0$ 时，实际轮廓相交，运动失真（见图 1-19d）。为了使实际轮廓线光滑，应满足：$\rho_{min} > r_T$。

【案例】 如图 1-20 所示的直动平底推杆盘形凸轮机构，凸轮为 $R = 30mm$ 的偏心圆盘，$AO = 20mm$，试求：①基圆半径和升程；②升程运动角、回程运动角、远休止角和近休止角；③凸轮机构的最大压力角和最小压力角；④若凸轮以 $\omega = 10rad/s$ 回转，当 AO 成水平位置时推杆的速度。

【解析】 ①基圆半径 $r_b = 30mm -$ $20mm = 10mm$，升程 $h = 2 \times 20mm = 40mm$；②升程运动角 $\delta_0 = 180°$，回程运动角 $\delta_0' =$ $180°$，近休止角 $\delta_{01}' = 0°$，远休止角 $\delta_{02}' = 0°$；③由于平底垂直于导路的平底推杆凸轮机构的压力角恒等于零，所以 $\alpha_{max} = \alpha_{min} = 0°$；④当 $\omega = 10rad/s$，AO 处于水平位置时，$\delta = 0°$ 或 $180°$，所以推杆的速度为 $v = +20 \times 10mm/s =$ $+200mm/s$ 或 $v = -20 \times 10mm/s = -200mm/s$。

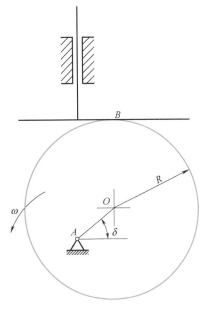

图 1-20　轮廓曲率半径和凸轮滚子半径的关系

2. 从动件的受力分析

如图 1-21 所示，以滚子从动件为受力对象，凸轮对沿着法向（与切线的方向垂直）的作用力为 F_n。该作用力可以分解为两个力，和从动件运动方向一致的 F_y，称为有效分力，垂直于 F_y 的 F_x，称为有害分力。

$$F_x = F_n \sin\alpha$$
$$F_y = F_n \cos\alpha$$

显然，当 F_n 不变时，α 增大，则 F_y 减小，F_x 增大，反之亦然。如果压力角大到一定值时，有害分力 F_x 所引起的摩擦阻力将大于有效分力 F_y，这时无论凸轮对从动件的作用力 F_n 有多大，都不能使从动件运动，机构发生自锁，而此时的压力角称为临界压力角 α_c。

1.2　凸轮的理论基础

研究凸轮机构需要的理论基础非常广泛，诸如高等数学、材料力学、理论力学、弹性力学、机械原理乃至有限元分析、MATLAB 软件应用等，据此要求职场从业人员像学生时代那样做到"满脑子公式、曲线"，显然不太切合实际。但是从学习的角度看，无论基础如何薄弱，很难绕过数学及动力学等理论基础，尤其是动力学是理论力学的一个分支学科，主要研究作用于物体的力与物体运动的关系，

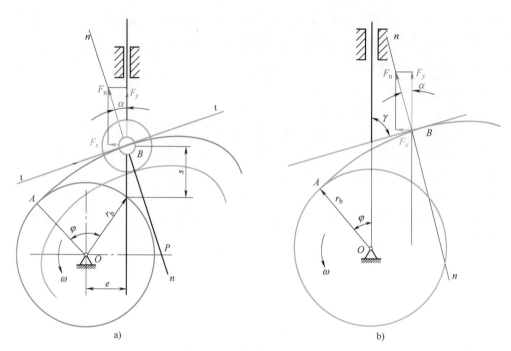

图 1-21　从动件的受力分析

a）滚子从动件　b）平底从动件

而我们在做机构设计时，经常要核算和确认的正是运动和力。

1.2.1　数学方面

1. 函数 $y = f(x)$

设有两个变量 x 和 y，写成类似于 $y = kx + b$ 之类的等式，我们就说 y 是 x 的函数，其中 x 是自变量，y 是因变量，k 与 b 是常数，例如 $y = 2x + 5$，$y = x - 3$，属于同一类函数，k、b 取值不同则具体函数不一样，f 可理解为"法则""关系"。常见的函数有：

（1）一次函数　在某一个变化过程中，设有两个变量 x 和 y，如果可以写成 $y = kx + b$（k 为一次项系数，$k \neq 0$，b 为常数，$k = 0$ 则是常数函数 $y = c$），那么我们就说 y 是 x 的一次函数，其中 x 是自变量，y 是因变量，图像是一条直线。特别的，当 $b = 0$ 时，称 y 是 x 的正比例函数。例如弹簧力和变形量之间就是正比关系，$F = kx$，k 为弹簧刚度，x 是其弹性范围内的变形量。

（2）二次函数　一般地，自变量 x 和因变量 y 之间存在关系 $y = ax^2 + bx + c$（$a \neq 0$，a、b、c 为常数），则称 y 为 x 的二次函数，图像是抛物线。例如汽车刹车后行驶的距离 s（单位：m）与行驶时间 t（单位：s）的函数关系式是 $s = 15t - 6t^2$。

（3）三次函数　形如 $y = ax^3 + bx^2 + cx + d$（$a \neq 0$，b、c、d 为常数）的函数叫作三次函数。三次函数的图像是一条曲线——回归式抛物线（不同于普通抛物线）。

（4）四次函数　形如 $y = ax^4 + bx^3 + cx^2 + dx + e$（$a \neq 0$，$b$、$c$、$d$、$e$ 为常数）的函数叫作四次函数。

（5）五次函数　自变量 x 和因变量 y 存在关系 $y = ax^5 + bx^4 + cx^3 + dx^2 + ex + f$ 的函数，称 y 为 x 的五次函数。其中，a、b、c、d、e 分别为五次、四次、三次、二次、一次项系数，f 为常数项，$a \neq 0$。

（6）多元函数

1）幂函数：$y = x^\mu$（$\mu \neq 0$，μ 为任意实数）。

2）指数函数：$y = a^x$（$a > 0$，$a \neq 1$）。

3）三角函数：$\sin 2A = 2\sin A \cos A$，$\tan(A + B) = \dfrac{\tan A + \tan B}{1 - \tan A \tan B}$。

我们以相互垂直的两轴（x 轴和 y 轴）建立坐标系后，对于确定的函数式，x 取值不同可以获得不同的 y 值，对应着若干个点（x，y），把所有的点连起来则成为曲线/直线。如图 1-22 所示，是一个幂函数的曲线图，其他函数的曲线图，大家可以查阅相关的教材，建立坐标系后，描点（x，y）连线，会有各种各样的曲线图。

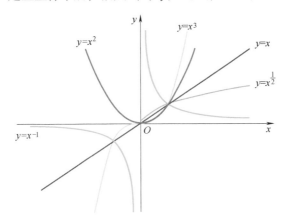

图 1-22　幂函数的坐标系曲线图

2. 导数

导数这个概念相当重要，但是比较抽象，可从动态和极限的角度去理解。如图 1-23 所示，假设函数 $y = f(x)$ 在 $x = x_0$ 附近有定义，当自变量增加 Δx 时，函数相应地增加 Δy，$\Delta y = f(x_0 + \Delta x) - f(x_0)$，当 Δx 趋近于 0 时，函数的变化率 $\Delta y/\Delta x$ 有极限，且无限趋近于某个常数，我们就把这个极限值叫作函数在 x_0 处的导数。曲线在某点处的变化率，通常表达为"切线方程式"（带未知数），一般记为微分 $\mathrm{d}y/\mathrm{d}x$，可近似理解为 $\Delta y/\Delta x$，即 y 或 x 的极小、微观增量的比值。

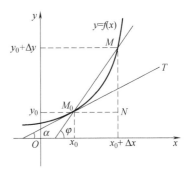

图 1-23　导数的几何意义

求一个函数 $y = f(x)$ 导数的过程就是对该函数进行微分，如果微分只进行一次，dy/dx 称之为一阶导数，如果对导数 dy/dx 继续微分，得出 $d(dy/dx)/dx$（即 d^2y/dx^2），称之为二阶导数，同理可得到三阶甚至更高阶的导数。d^2y 是二阶导数的意思，不是 dy 的平方。举个例子，有一个函数 $y = x^2 + 5$，对其微分得到一阶导数 $y' = 2x$，对这个导数继续微分，得到二阶导数 $y'' = 2$。常见的基本求导公式见表 1-3。

表 1-3　常见的基本求导公式

编号	原 函 数	导 函 数
①	$y = C$	$y' = 0$
②	$y = n^x$	$y' = n^x \ln n$
③	$y = \log_a x$	$y' = \dfrac{1}{x \ln a}$
④	$y = x^n$	$y' = nx^{n-1}$
⑤	$y = \sqrt[n]{x}$	$y' = \dfrac{x^{-\frac{n-1}{n}}}{n}$
⑥	$y = \dfrac{1}{x^n}$	$y' = -\dfrac{n}{n^{n+1}}$
⑦	$y = \sin x$	$y' = \cos x$
⑧	$y = \cos x$	$y' = -\sin x$
⑨	$y = \tan x$	$y' = \dfrac{1}{\cos^2 x} = \sec^2 x$
⑩	$y = \cot x$	$y' = \dfrac{-1}{\sin^2 x} = -\csc^2 x$
⑪	$y = \sec x$	$y' = \sec x \tan x$
⑫	$y = \csc x$	$y' = -\csc x \cot x$
⑬	$y = \arcsin x$	$y' = \dfrac{1}{\sqrt{1-x^2}}$
⑭	$y = \arccos x$	$y' = -\dfrac{1}{\sqrt{1-x^2}}$
⑮	$y = \arctan x$	$y' = \dfrac{1}{1+x^2}$
⑯	$y = \text{arccot} x$	$y' = -\dfrac{1}{1+x^2}$
⑰	$y = \sinh x$	$y' = \cosh x$

　　导数描述了函数所指的曲线的连续和光滑程度，形象地说，不连续、不光滑就是有突变或不稳定。或者这么认为，我们判断一条曲线规律是否符合我们的预期，它是否可导是一个重要方法。如果函数在某一点处可导，则曲线在该点处是光滑的，

因此函数在该点处一定连续。反之,若函数在某点连续,该函数不一定在该点可导。导数未必是一个具体数值,如果是高阶的函数,其导数更多呈现的是一个(低阶)函数式,就是由 N 个点构成的曲线,但无限趋近于常数,可能要求 N 阶导数后才是"常数"。

从几何意义上说,导数就是取函数 $f(x)$ 在曲线上某一点的切线斜率。越陡表示 $f(x)$ 随 x 变化越急剧,越平表示其导数的绝对值越小,因此根据导数可判断曲线趋势。

1.2.2　动力学方面

1. 运动的基本概念

定义机构运动性能的参数包括位移(s)、时间(t)、速度(v)、加速度(a)等,从静止到运动或从运动到静止,由加减速和匀速等运动规律组合而成,如图 1-24 所示。假设物体在时间 t 运动位移为 s,则:$t = t_a + t_b + t_c + t_d$,$s = s_a + s_b + s_c$。下面对与图 1-24 所示的运动过程相关的几个参数做如下介绍。

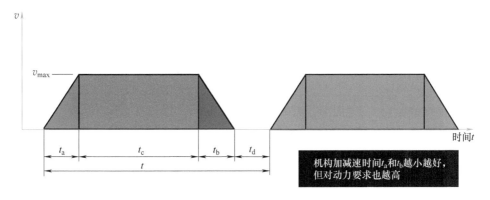

机构加减速时间 t_a 和 t_b 越小越好,但对动力要求也越高

图 1-24　"停止-运动-停止"线性运动规律

(1)位移 s　不重要的场合,根据设备空间来定,以布局协调为原则,大一点小一点都可以,但对作业时间有要求时,就要尽量小一些,尤其是一些高速设备,即使某个机构行程缩短 1mm,都会有它的意义所在。

(2)时间 t　当客户的要求匹配或低于我们的既有经验所能达到的水平时,直接给出数据,反之,则要进行必要的评估和确认。比如要设计一个上料机构,把物料从 A 点移动到 B 点,手头上刚好有个现成的机构(原来的作业时间是 2s),现在客户要求做到 1s,能不能直接拿来就用呢?能,依据在哪里,不能,原因又是什么,心存侥幸或敷衍了事可不是设计人员应该有的态度。

(3)速度 v　通常希望作业速度越快越好,但一方面受限于机构能力,另一方面还要考虑产品工艺,同时还受限于控制需要和其他因素的影响,往往会有一个关键因素。所以实际的做法是,在行程确定的情况下,根据作业时间来设计满足要求的机构。需要提醒的是,只有当机构的运动参数是可控的,用运动规律来分析才是必要的，否则几乎没有什么意义。举个例子，我们都清楚气压是非常不稳定的动力源，那么用气缸去驱动机构，几乎不太可能确定速度和加速度，多数情况就是大致判断一下即可。如要精确量化，一般换用电动机构。

（4）加速度 a　这个参数非常重要，表示单位时间内的速度变化量，是运动和"合外力（F）"联系的桥梁，如果运动物体的质量是 m，根据牛顿第二定律，$F = ma$。

假设最大速度 v_{max}，t_a 段的位移为 s_a，则匀加速段：

$$v_{max} = at_a$$
$$s_a = at_a^2/2 = v_{max}t_a/2$$

类似地，匀减速段：

$$v_{max} = at_b$$
$$s_b = at_b^2/2 = v_{max}t_b/2$$

匀速段：

$$s_c = v_{max}t_c$$

作为类比，下面是有关旋转运动设计的公式。如图 1-25 所示，假设圆周上 A 点以角速度 ω 转动，经过时间 t 转动到 B 点，发生角位移为 φ，则：

角位移 $\varphi = \omega t$，其中，ω 为角速度，单位是弧度/秒，即 rad/s；

A 点线速度为 v，圆周半径为 R，则有 $v = \omega R$；

角加速度为 ε，单位是弧度/秒^2，即 rad/s^2，从静止开始加速到 ω，历时 t_a，则 $\omega = t_a \varepsilon$；

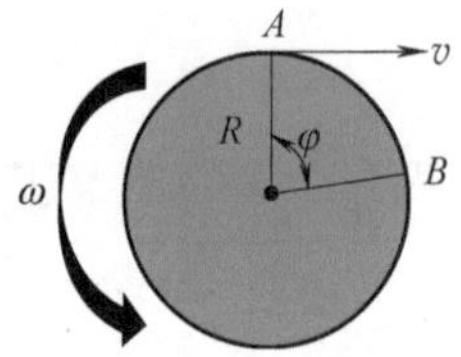

图 1-25　旋转运动示意图

物体总的转动惯量为 J，则要产生角加速度 ε，需要施加转矩 $T = J\varepsilon$；

通常说的转速 n，指的是每分钟多少转（r/min），与 ω 的关系为 $n = 60\omega/2\pi$。

2. 凸轮机构的运动参数

我们知道位移是时间的函数，位移 s 的导数是速度，即 $s' = ds/dt = v$。几何意义是在极微小的时间变化量 dt 下位移的变化量 ds 与 dt 的比值。同理，速度 v 的导数是加速度，即 $v' = s'' = dv/dt = a$，再求导下去可得到加速度 a 的导数跃度 J……

角位移是时间的函数，关系式为 $\varphi = \omega t$，其导数 $\varphi' = d\varphi/dt = \omega$，表示在极微小时间变化量 dt 下角位移的变化量 $d\varphi$ 与 dt 之比，同理 ω 的导数 $\omega' = d\omega/dt = \varepsilon$，再求导下去可得到高阶导数……

如果是匀速转动（转速 ω）凸轮机构，很多时候我们关注从动件的线性位移 s 和凸轮转角的关系 φ，即函数 $s = f(\varphi)$。我们对其进行求导 $s' = ds/d\varphi = (vdt)/(\omega dt) = v/\omega$，几何意义是在极微小的角度变化量 $d\varphi$ 下，从动件的位移变化量为 ds 与 $d\varphi$ 之比，也可以理解为斜率。同理再求二阶导数 $s'' = d(ds/d\varphi)/d\varphi = d[(adt)/\omega]/(\omega dt) = a/\omega^2$，$s''' = J/\omega^3$，再求导下去可得到高阶导数……

一般来说，假设凸轮机构的升程为 h，升程时间为 t，则其速度为 $v = h/t$，加

速度 $a = h/t^2$，如所选规律曲线的特征值为 V_m、A_m，则对应的最大速度和最大加速度分别为：

$$v_{max} = v V_m$$
$$a_{max} = a A_m$$

其中 v_{max} 和 a_{max} 与具体轮廓曲线有关系（不同机构的数值都不一样），而 V_m 和 A_m 就是通常我们说的"曲线特征值"（同类曲线规律的数值相同）。换言之，实际的速度和加速度，既和所选曲线的共有规律有关，也和具体的轮廓设计或曲线特征有关。

【案例】　某凸轮机构转速为 100r/min，现在将转速提升到 200r/min，机构运动会有什么变化？

【解析】　假设原升程对应相位角为 φ，凸轮转速为 ω，升程时间为 t，则有 $\varphi = \omega t$。

在机构没变化（升程 h 不变且相位角 φ 不变）的前提下，转速提升 1 倍至 2ω，显然时间缩减为 $0.5t$，根据运动学公式，h 不变，代入 $0.5t$，加速度 $a = v/(0.5t) = h/(0.5t)^2 = 4h/t^2$，加速度（惯性力）相当于原来的 4 倍……可见转速提高后，惯性力大增，将增加构件受力变形产生振动的概率，因此升程宜小不宜大。

3. 名词术语

常见的动力学专业名词术语，见表1-4。

表1-4　常见的动力学专业名词术语

名 词 术 语	说　明
响应	即系统受到激励作用时的输出，或者说是系统在输入作用时产生的机械振动。系统中某点的响应可用这一点的位移、速度、加速度或其他量的时间历程（或时间函数）来表示
衰减	振动不断减弱的现象
惯性力	与加速度成正比，惯性力加大，会使构件受力增加，构件之间磨损加剧，由于振动分量的存在，还导致从动件振动加大，严重影响工作精度。对转速较高的凸轮机构，这个"力"是主要负载。对多数凸轮机构而言，由于工作载荷不大，构件较轻，其惯性力是主要的激励力，决定施加于凸轮上的输入转矩大小的最主要因素。因此对凸轮机构，不要简单计算工作载荷
阻尼	构件相对运动，必然相互摩擦，产生静或动摩擦力，其大小和正压力成正比，方向和构件运动方向相反
等效质量/刚度	就是将从动件系统的质量，转化到工作端去，用一个等效的值来替代
变形	弹性变形、塑性变形，一般要求零件在受力时所产生的弹性变形在允许的限度内

（续）

名词术语	说　明
强度	零件抵抗破坏的能力
刚度	零件抵抗变形的能力
转动惯量	转动惯量在旋转动力学中的角色相当于线性动力学中的质量，可形象地理解为一个物体对于旋转运动的惯性，用于建立角动量、角速度、力矩和角加速度等数个量之间的关系
能量守恒定律	能量既不会凭空产生，也不会凭空消失，它只会从一种形式转化为其他形式，或者从一个物体转移到其他物体，而在转化或转移的过程中，总量保持不变
还有什么？	请您总结和填写

以惯性力为例，惯性力实际上并不存在，实际存在的只有原本将该物体加速的力，因此惯性力又称为假想力。引入这个概念以后，我们可以像平衡物体的受力分析那样，对不平衡物体进行"受力分析"。惯性力不是相互作用力，不存在反作用力；惯性力的存在反映了所选择的参考系是非惯性系。

如图 1-26 所示，人用手推车时，车在加速运动过程中，人会感到受到力的作用，这个力是由于车具有惯性，惯性会使物体有保持原有运动状态的倾向，若是以车为参照物，看起来就仿佛有一股与 a 方向相反的力 F_I 作用在车上，F_I 即为惯性力，F_I 与 a 反向。如图 1-27 所示，假定物体重量为 G（质量为 $m = G/g$，g 为重力加速度），其与地面摩擦力为 f（摩擦因数为 μ），地面对重物的支撑反力为 N，施加一个向前的力 F，产生一个加速度 a，由于垂直地面受力平衡，$N = G$，根据牛顿第二定律：$F - f = F - \mu N = F - \mu G = ma$，那么该系统的惯性力 Q_η 大小为 $(F - \mu G)$，方向与加速度反向，或者可以记为 $Q_\eta = -ma$，负号表示反向。

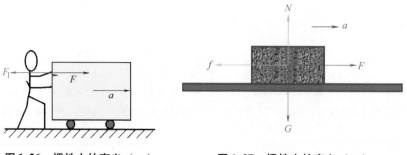

图 1-26　惯性力的定义（一）　　　　图 1-27　惯性力的定义（二）

以此类推，当刚体有质量对称平面且绕垂直于此对称平面的轴做定轴转动时，惯性力系可向转轴简化为此对称平面内的一个力和一个力偶，这个力等于刚体质量与质心的加速度的乘积，方向与加速度方向相反，作用线通过转轴；这个力偶的矩等于刚体对转轴的转动惯量与角加速度的乘积，转向与角加速度相反。如

图 1-28 所示，转轴的转动惯量为 J，过质点 C，但角加速度 $\varepsilon \neq 0$，则惯性力矩 $M_I = -J\varepsilon$，负号表示惯性力矩与 ε 反向。从另一个角度来说，我们要让转轴产生 ε 的角加速度，就需要施加力矩 M，其大小为 $M = M_I = J\varepsilon$，方向与 ε 相同。

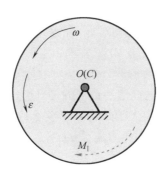

图 1-28　惯性力矩的定义

小结（见图 1-29）

　　本日内容属于凸轮本身相关理论最基础的部分，广大读者如果想在理论探讨上有进一步的空间拓展，必须稍微花点时间和精力学习此部分内容。

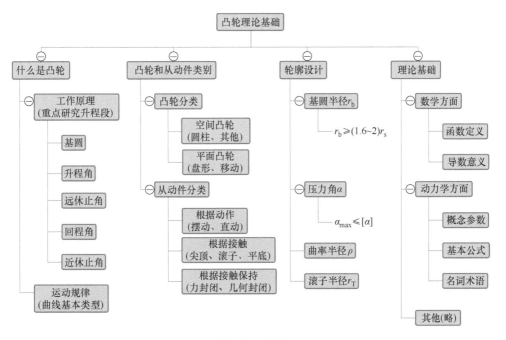

图 1-29　小结

每日一测（不定项选择题）

1. 当运动员从10m高台跳水时，从腾空到进入水面的过程中，不同时刻的速度是不同的。假设时间 t 后运动员相对地面的高度为：$H = -4.9t^2 + 6.5t + 10$，则在2s时运动员的瞬时速度为（   ）。

（A）-3.4m/s   （B）-13.1m/s   （C）-24.7m/s   （D）42.6m/s

2. 关于凸轮基圆半径 r_b 的说法，错误的是（   ）。

（A）凸轮的基圆半径 r_b 应大于凸轮轴的半径 r_s

（B）最大压力角 α_{max} >许用压力角 $[\alpha]$

（C）凸轮轮廓曲线的最小曲率半径 ρ_{min} >0

（D）基圆半径是凸轮径向尺寸中最小的半径

3. 与连杆机构相比，凸轮机构最大的缺点是（   ）。

（A）惯性力难以平衡

（B）点、线接触，易磨损

（C）设计较为复杂

（D）不能实现间歇运动

4. 以下可使从动杆得到较大的行程的选项是（   ）。

（A）盘形凸轮机构

（B）移动凸轮机构

（C）圆柱凸轮机构

（D）不太能够确定

5. 以下可以减小升程压力角的措施是（   ）。

（A）增大基圆半径 r_b

（B）采用正偏距 e

（C）增大滚子半径 r_T

（D）减小凸轮实际轮廓的最小曲率半径

【参考答案】

1. B 2. B 3. B 4. C 5. ABC

学习心得

第❷日
凸轮从动件的运动规律

所谓从动件的运动规律，指的是从动件的位移、速度和加速度与时间或凸轮转角之间的关系，比如 $s = f(\varphi)$ 指的是位移关于角度 φ 的函数。我们常在一些教程看到类似这样的描述：正弦加速度曲线用于高速轻载……难免会产生困惑：何谓高速？何谓轻载？两者之间有什么关系？正弦加速度运动规律指的是什么规律？采用了所谓的高速运动曲线规律，凸轮机构就高速了吗？

2.1 读懂××线图（注：××可以是位移、速度或加速度等）

图 2-1 和图 2-2 所示为凸轮工作循环图。我们只需重点研究升程/回程段（尤其是升程段）的从动件运动规律，如图 2-3 所示，即从动件从基圆运动到最高点的 B-D 段和最高点回到基圆的 D_0-B_0 段。对于单片凸轮来说，B-D 角度分配希望越大越好，但是多片凸轮协同作业时，又要求这一段占有角度越小越好（才有更多角度分配给其他凸轮从动件运动），因此角度分配关系需要综合权衡。

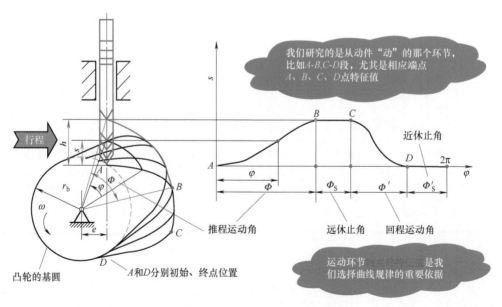

图 2-1　凸轮（直动从动件）工作循环图

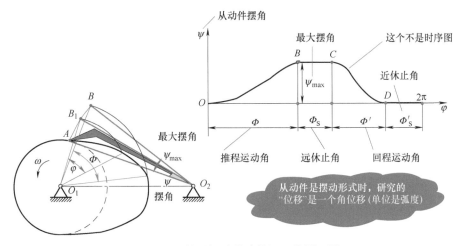

图2-2　凸轮（摆动从动件）工作循环图

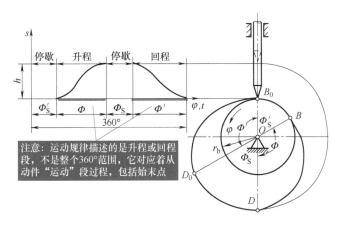

图2-3　凸轮从动件运动规律的研究重点

如图2-4 所示这种曲线图，称为××线图，×× 可以是位移 s、速度 v、加速度 a 等。该线图记录了凸轮轮廓曲线规律的特征值在周期范围内的变化趋势，可根据其展示的曲线是否平滑、连续来判断曲线的变化趋势。要特别提醒的是，这种线图描述的是"同一片凸轮"的升程段（对应转角可能是几度或几十度）运动规律，与时序图不是一回事，不要混淆，后者一般都是360°，只有多个凸轮或动作单元协同运动时才会用到。

一般来说，一个凸轮只能有一种预定的运动规律，我们在提到从动件运动规律时，指的是加速度的曲线规律。图2-5所示从上到下分别为位移、速度、加速度曲线，其中加速度曲线为"正弦曲线（也叫摆线）"，所以叫正弦加速度曲线规律（或摆线加速度运动规律）。其表达的技术信息主要有：升程转角 δ_0，行程 h，加速度曲线和正弦曲线吻合，速度曲线和加速度曲线均连续且光滑过渡，代表该类曲线无冲击，但最大加速度偏大（相对其他规律曲线），相应地惯性力也偏大，

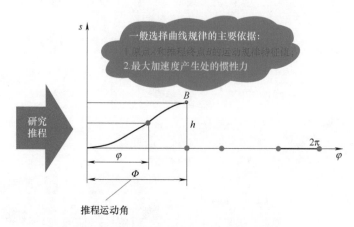

图 2-4　凸轮升程段的从动件位移曲线图

对机构刚性的副作用较大。如果继续对正弦加速度运动规律函数再求导，将得到更高阶的不连续的跃度曲线函数，所以在高速状态下可能有振动产生，一般用于中速机构。

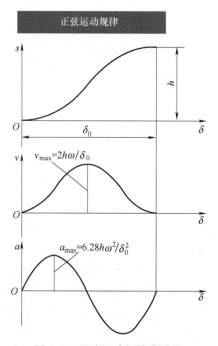

图 2-5　正弦运动规律曲线图

我们进一步分析，假定升程 h 分配到的角度为 δ_0，凸轮转速为 ω，升程历时 $t = \delta_0/\omega$，则速度 $v = h/t = h/(\delta_0/\omega) = h\omega/\delta_0$。如果采用正弦运动规律，其速度特征值为 2，故最大速度 $v_{max} = 2h\omega/\delta_0$，同理 $a_{max} = 6.28h\omega^2/\delta_0^2$，且 $ds/d\varphi = v_{max}/\omega = 2h/\delta_0$。对于具体的凸轮机构，假设升程 $h = 8\text{mm}$，$\delta_0 = 90°$，机构周期为 $t = 0.2\text{s}$（注：δ_0 对应时间为 $0.2\text{s}/4 = 0.05\text{s}$），则 $\omega = \delta_0/0.05 = (\pi/2)/0.05\text{rad/s} = 31.4\text{rad/s}$，则

$v_{max} = 2 \times 8 \times 31.4/(\pi/2)$ mm/s = 320mm/s，如果采用其他类型的运动规律，道理是一样的。如果再假定机构无偏置（$e = 0$），基圆半径 $r_b = 50$mm，如图 2-5 所示，最大压力角发生于 $v = v_{max}$ 处（此时 $s \approx h/2$），则有 $ds/d\varphi = 2 \times 8/(\pi/4) = 20.38$，$s + r_b = h/2 + r_b = (4 + 50)$ mm = 54mm，根据压力角正切公式 $\tan\alpha = 20.38/54 = 0.37$，根据反函数公式可求得压力角 $\alpha = 20.3°$。

在上述基本认识下，回到具体的凸轮机构，事实上即便采用同一个运动规律，实际速度、加速度等值也有可能不一样，这是由于行程和转角分配的原因。所以 ×× 线图的学习意义在于：如果行程和转角确定，将哪类运动规律的曲线作为凸轮轮廓更有利于对应性能的发挥，就采用哪类，无须过多纠结于函数式或推导过程（这部分内容是死的，没必要重复做无用功），了解有这么回事，知道什么场合采用哪个规律更合理，即初步达到目的。

2.2　曲线特征值

在绝大部分场合，我们关注的其实是从动件在始末点的"稳定度"和"精准度"，期望它是"想停就停"，并停在设计位置，不要有残留振动，不要偏离预期位置。这些都是靠速度、加速度等概念来描述和约束的，因此对于选择运动规律，始末点的"特征值"是最主要的依据。在凸轮的升程 h 和升程运动角 δ_0 大致确定的情况下，重点研究从动件运动过程的速度、加速度、跳跃度等性能情况，确定何种轨迹/路径相对较优。

常用的曲线特征值如图 2-6 所示，不要把曲线规律和具体的轮廓曲线（方程）混为一谈，曲线规律描述的对象是一组或一类有共同特征的曲线，具体的曲线函数或方程，与曲线升程和转角分配等具体取值有关。对于特定机构来说，即便运动规律相同，相应的速度、加速度、跳跃度等实际值也是不同的。比如甲用 $y = 2x$，乙用 $y = 5x$，两者用的都是一次项规律（特征值是一样的），但两者具体的运动指标和性能是有差异的。所谓特征值，就是该类曲线规律性能的衡量指标，主要有最大速度 V_m，最大加速度 A_m，最大跃度 J_m，最大跳度 Q_m，甚至更高阶的导数参数，但对于一般自动化设备，关注到 V_m 和 A_m 这两个参数即可。

1. 最大速度 V_m

尽管从动件运动始末点是我们关注的焦点，但运动过程的一些波动或冲击，也是我们希望尽量减少和优化的，相应特征值主要是最大速度 V_m。它反映了从动件最大冲量的大小，速度越大，在启动、停车或突然制动时，产生的冲击越大。假设冲量为 I，动量为 E，质量为 m，速度为 v，时间为 t，则 $E = mv$，$I = E/t$。显然，速度 v 越大，时间 t 越小，冲量越大，即冲击越大。

此外，曲线速度和轮廓压力角有关，在其他条件不变的情况下，速度越大则压力角越大（注：请查阅第 1 日的相关内容），代表凸轮转动越沉重费劲。因此从动件的 V_m 要尽量小，对负荷有要求但对速度要求不高时，尤其是低速机构，一般按 V_m 较小的原则选用运动规律。

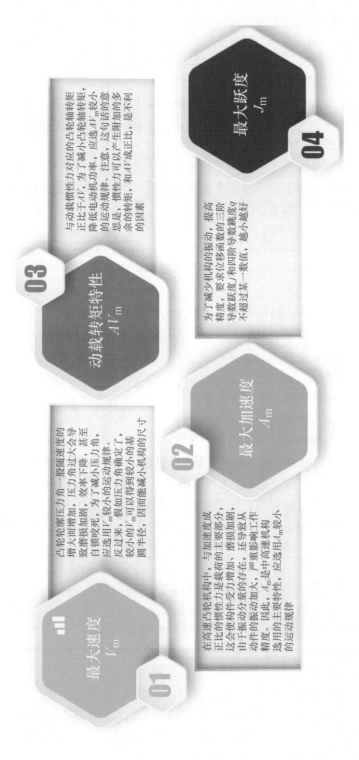

图 2-6　常用的曲线特征值

01 最大速度 V_m

凸轮轮廓压力角一般随速度的增大而增加，压力角增大会导致磨损加剧，效率下降，甚至自锁咬死，为了减小压力角，应选用 V_m 较小的运动规律。反过来，假如压力角确定了，较小的 V_m 可以得到较小的基圆半径，因而能减小机构的尺寸

02 最大加速度 A_m

在高速凸轮机构中，与加速度成正比的惯性力是载荷的主要部分，这会使构件受力增加、磨损加剧，由于振动分量的存在，还导致从动件的振动加大，严重影响机构工作精度。因此，A_m 是中高速凸轮选用的主要特性，应选用 A_m 较小的运动规律

03 动载转矩特性 AV_m

与动载惯性力对应的凸轮轴转矩正比于 AV，为了减小凸轮轴转矩、降低电动机功率。注意，这句话指的意思是，惯性力可以产生附加的多余的转矩，和 AV 成正比，是不利的因素

04 最大跃度 J_m

为了减小机构的振动，提高精度，要求位移函数的三阶导数跃度 J 和四阶导数跳度 q 不超过某一数值，越小越好

2. 最大加速度 A_m

最大加速度是我们做高速机构时考虑的重点，速度和加速度的增加，会导致轮廓曲率半径减小，使接触应力增加。在高速重载的情况下，要兼顾 V_m 和 A_m 都小很困难，所以一般凸轮机构不用在这种情况。

机构学家通过各种研究推导，最终得出一些结论，见表 2-1。对于特定的行程 h 和时间 t，采用哪种曲线规律去实现，在运动过程中发生的最大速度和最大加速度是不一样的。特征值是一个没有单位的量，用来描述不同类曲线（规律不同）的运动特性倾向。特征值的定性作用大于定量，通俗地讲，选好了曲线规律，只能说是"好"，实际有多好呢？不确定。假定某具体机构运动的实际加速度为 a，该类曲线的运动规律的最大加速度为 A_m，则表示这个机构的实际可能发生的最大加速度 $=aA_m$。换言之，A_m 是一个比例值，或认为是倍数，没有单位，同一类曲线，不管 a 多少，A_m 都是一样的。举个例子，行程 h 和时间 t 相同，采用等速度曲线，最大速度 V_m 为 1m/s，则采用等加速曲线的最大速度为 2m/s，加速度值也有类似的情况。

表 2-1　常用曲线的特征值及选用说明

序号	曲线名称	V_m	A_m	J_m	选用说明
1	等速度（一次项运动）	1	∞	—	V_m 最小，硬冲击，适用于低速重载机构
2	等加速度（二次项运动）	2	4	∞	A_m 最小，柔性冲击，不适用中高速机构
3	简谐（余弦加速度）	1.571	4.935	∞	跃度在端点无穷大，多用于无停留场合
4	正弦（摆线加速度）	2	6.283	39.48	端点无冲击但跃度不连续，中速凸轮机构
5	修正等速	1.275	8.013	201.4	要求 V_m 小且从动件运动部分有等速段
6	修正梯形（等加速度）	2	4.888	61.43	A_m 较小，修正后连续，用于中速轻载的场合
7	修正正弦	1.76	5.528	69.47	常用，综合性能好，用于双停留的中高速场合
8	3-4-5 多项式	1.875	5.773	60	适用于高速场合，但在连接器行业的设备里还没见过用到这一类规律
9	4-5-6-7 多项式	2.188	7.511	52.5	
10	5-6-7-8-9 多项式	2.461	9.372	78.75	
11	指数函数	2.603	11.04	82.16	要求停留时振动小的高速机构

注：1~7 较常用，其他曲线规律，大家用到时应查阅有关书籍确认。

【案例】　对于直动推杆盘形凸轮机构，已知升程时凸轮的转角 $\delta_0 = \pi/2$，行程 $h = 50mm$。求当凸轮转速 $\omega = 10rad/s$ 时，等速、等加速、等减速、余弦加速度和正弦加速度这五种常用的基本运动规律的最大速度 V_m 和最大加速度 A_m。

【解析】 升程 h 分配到的角度为 δ_0，凸轮转速为 ω，升程历时 $t = \delta_0/\omega$，则速度 $v = h/t = h/(\delta_0/\omega) = h\omega/\delta_0 = (50 \times 10)/(\pi/2) \approx 318.5 \text{mm/s}$，同理 $a = h\omega^2/\delta_0^2 = (50 \times 10^2)/(\pi/2)^2 \approx 2028.5 \text{mm/s}^2$，查表 2-1，根据特征值，我们可以分别得到等速运动规律时，$v_{max} = v = 318.5 \text{mm/s}$，$a$ 为无穷大；等加速、等减速运动规律时，$v_{max} = 2 \times 318.5 \text{mm/s} = 637 \text{mm/s}$，$a_{max} = 4 \times 2028.5 \text{mm/s}^2 = 8114 \text{mm/s}^2$ ⋯⋯以此类推。

2.3 规律选用建议

所谓运动规律，是指运动过程和状态可控且符合一定的原理和规则，应选择合适的而不是滥用运动规律（即考虑机器工作需要、工作平稳性及凸轮实际廓线是否便于加工）。所谓条条大路通罗马，一样的行程，一样的转角（时间），有 n 种路径/工具到达目的地，应选择适合的那个从动件的运动规律——从动件的位移、速度和加速度与时间或凸轮转角间的关系。一般来说，刚性冲击是由速度突变造成的，而柔性冲击则是由加速度突变造成的，振动则与跃度关系更大。自然而然地，假设我们希望振动的影响小一点，可以考虑选择较小跃度的规律，如果是希望不要有刚性冲击，则要从速度入手。但是，V_m、A_m、J_m、AV_m 都同时小的规律是没有的，各有优缺点，应根据使用场合来灵活选用。因此，首先要清楚特定机构的设计预期（比如侧重哪方面），再抓住曲线规律选择的依据（特征值），原则、思路就会清晰很多。

● 对于中、低速运动的凸轮机构，要求从动件的位移曲线在衔接处相切，以保证速度曲线连续，即要求在衔接处的位移和速度应分别相等。

● 对于中、高速运动的凸轮机构，要求从动件的速度曲线在衔接处相切，以保证加速度曲线连续，即要求在衔接处的位移、速度和加速度应分别相等。

● 在高速凸轮机构中，要求高阶导数值（依次为加速度、速度、跃度、跳度⋯⋯）连续，而且绝对值尽量小。

虽然凸轮的 n 个运动规律都是我们学习的内容，但限于精力以及考虑到实际应用，事实上，我们只要重点学习其中几种就好了，以后在遇到陌生的工况或平时有精力的情况下，再去深入研究各种不同的曲线规律。例如在连接器行业的凸轮设备里边，以个人经验来看，用得比较多的大概如下。

1. 等速运动规律（即一次项运动规律）

如图 2-7 所示，$V_m = 1$，在所有运动规律中最小，可以得到很小的压力角，对于对心直动从动件圆盘凸轮，其轮廓是阿基米德螺旋线，适用于低速重载（比如冲裁工艺）机构（见图 2-8），也适用于类似自动切削机床的走刀凸轮机构。等速曲线也是运动特性最差的曲线，起止点的速度不连续，加速度无穷大，存在硬冲击。

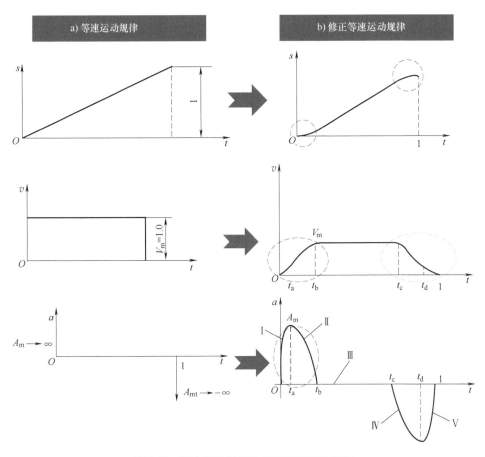

图 2-7　等速运动规律和修正等速运动规律

2. 等加速度运动规律（即二次项运动规律）

如图 2-9 所示，位移曲线是一条抛物线，在所有的运动规律中，具有最小的最大加速度，$A_m = 4$，$V_m = 2$，加速度不连续，不适用于中高速机构。同时这种规律的最大加速度较大，凸轮负荷增大，不利于减少磨损和能耗，因此对于一些凸轮机构（特别是几何封闭），要求设计成加速段较长的非对称运动规律，以减少负荷磨损。为了避免运动失控，当要求停留精度，没有残留振动时，选择加速范围小而减速范围大的非对称曲线，即建议加速段和减速段所占的凸轮运动角（相位）的比例不要是 1。

力封闭类型：加速段 ϕ_1 应满足（1/3）$\phi \le \phi_1 \le$（1/2）ϕ

几何封闭类型：加速段 ϕ_1 应满足（1/2）$\phi \le \phi_1 \le$（2/3）ϕ

【提示】　类似上述这种相位角分配情况的非对称运动规律，最常见的是使减速段所占的时间间隔大于 $0.5t$，负加速段的最大值（绝对值）小于最大正加速度值，这样的运动规律，可以减小终点位置的跃度，达到减少停留时的残留振动、保证动作精度的目的。

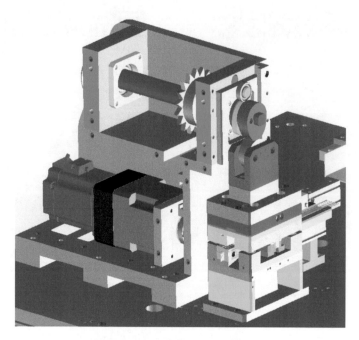

图 2-8　低速重载的凸轮冲裁机构

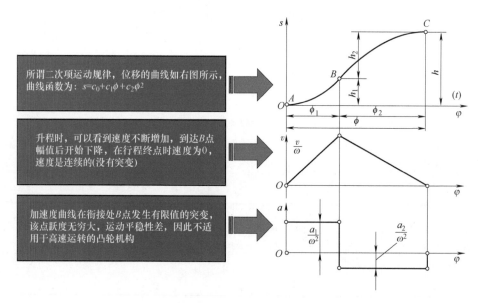

所谓二次项运动规律，位移的曲线如右图所示，曲线函数为：$s = c_0 + c_1\phi + c_2\phi^2$

升程时，可以看到速度不断增加，到达 B 点幅值后开始下降，在行程终点时速度为 0，速度是连续的(没有突变)

加速度曲线在衔接处 B 点发生有限值的突变，该点跃度无穷大，运动平稳性差，因此不适用于高速运转的凸轮机构

图 2-9　等加速度运动规律

3. 正弦（摆线加速度）运动规律

如图 2-5 所示，加速度曲线光滑，在端点连续而无冲击，用于中速凸轮机构，但由于 $A_m = 6.283$ 太大，端点的跃度 j 不连续，即端点的跳度 q 趋于无穷大，所以也不适用于高速凸轮机构。

4. 简谐运动规律

加速度和位移成正比但方向相反，速度曲线是光滑的，但起止点不连续，跃度在端点趋于无穷大，所以不适合用在单双停留类型，多用于无停留场合。

5. 修正等速运动规律

如图 2-7 所示，在等速曲线的两端各添加一个简谐（余弦加速度）曲线作为过渡曲线，这样既保留了 V_m 较小的优点，又克服了端点 v 不连续的缺点。请搞清楚修正的是哪个线图，以及所对应的相位角，要注意 t_a 或 t_b 之类的描述，只是升程或回程那一段的时间比例。

6. 修正正弦（MS）运动规律

如图 2-10 所示，原本在坐标上是个余弦曲线，砍掉前后两段，补上去其他的曲线类型（如正弦曲线），总的周期 t 没有变化，砍掉多少，就补多少。根据专业书籍的定义，图中的 $t_a = 0 \sim 0.25$，取极限 $t = 0$，则恢复到余弦曲线；取 $t = 0.25$，则变为正弦曲线；取其他值就是修正或变形正弦，一般取 $t = 0.125$，即 1/8 的周期 T，因为此时特征值较优，依次为 $A_m = 5.53$，$V_m = 1.76$，$J_m = 69.47$。

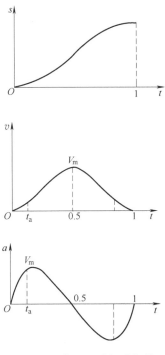

图 2-10　修正正弦运动规律

【提示】　所谓修正××运动规律，指的是在某普通曲线的起始点附近拼接其他规律的曲线，取长补短，原则是使位移、速度和加速度均连续（光滑），如果跃度连续则更佳，以达到消除冲击、降低动力参数幅值的目的。这种局部的加速度曲线修正，在宏观上几乎察觉不到，修正前后两片凸轮外观几乎一致，但在细微的性能表现上有差异。

7. 修正梯形（MT）运动规律

如图 2-11 所示和上述修正正弦运动规律的道理类似，一般将 t_a 取在区间 [0 ~ 1/4] 的中点较合适，即 $t_a = 0.125$（注：t_a 即绘图软件里边的 C 因子），这时 $A_m = 4.89$，$J_m = 61.43$。加速度曲线呈变形梯形形状，梯形的两腰各为 1/4 周期的正弦曲线。这种曲线既保留了等加速度曲线 A_m 比较小的特点，又克服了其不连续的缺点，常用于中高速轻载的场合。

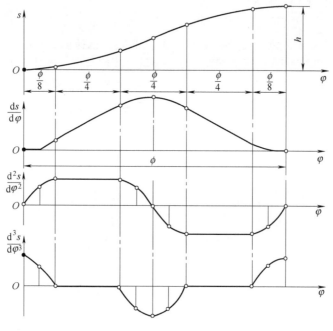

图 2-11　修正梯形运动规律

　小结（见图 2-12）

本书的前两日偏重凸轮本身的基础理论，也是广大读者可以百度或从教科书上看到的内容，如果一时半会理解不了也没关系，在实际做设计时并不会影响多少（实际上你可能只需要用对，也有很多现成案例"告诉"你，即便不懂也不代表做不了）。之所以还是辟出一定篇幅来论述，主要是想从理论上给设计新人一些提示，毕竟做凸轮机构还是需要有些理论支持和壮胆的。对机构来龙去脉的熟悉和理解，一定会体现在设计细节上，也一定会提升机构的品质。此外，同样的内容，经过我的筛选、分析和注解后，相信各位在阅读的过程中，也会有不一样的感受（起码大部分能看明白）。

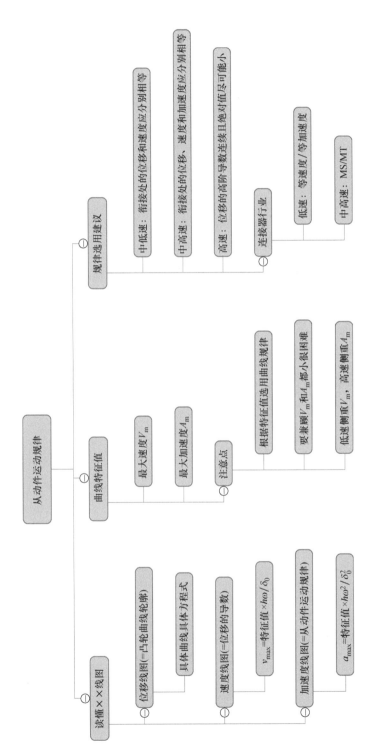

图 2-12 小结

每日一测（不定项选择题）

1. 对于运动规律的特征值，以下描述错误的是（   ）。

（A）V_m 较大，不适用于从动件系统质量较大的场合。

（B）A_m 是中高速机构选用的主要特性，应选用 A_m 较小的运动规律。

（C）$A_m = 5.528$，表示其为某个具体曲线实际加速度的 5.528 倍。

（D）为了减小凸轮轴转矩，降低电动机功率，应选动载转矩特性值 AV_m 较大的运动规律

2. 对于中、低速运动的凸轮机构，一般要求从动件的（   ）。

（A）位移曲线在衔接处相切

（B）速度曲线在衔接处相切

（C）加速度曲线在衔接处相切

（D）跃度曲线在衔接处相切

3. 以下关于凸轮机构运动规律的描述错误的是（   ）。

（A）加速度突变会引起柔性冲击

（B）惯性力突变会引起振动

（C）速度突变会引起刚性冲击

（D）以上有错误的描述

4. 假设周期 $t = 0.2\text{s}$，凸轮升程曲线采用正弦运动规律，$h = 8\text{mm}$，升程分配角度 $\delta = 90°$，则以下描述错误的是（   ）。

（A）升程时间为 0.15s

（B）凸轮转速 $\omega = 31.4\text{rad/s}$

（C）从动件最大速度 $v_{max} = 16\text{mm/s}$

（D）从动件最大加速度 $a_{max} = 36\text{mm/s}^2$

5. 如图 2-13 所示的曲线规律，以下描述错误的是（   ）。

（A）是简谐的加速度运动规律

（B）加速度有限值突变，存在着柔性冲击，只适合中、低速场合

（C）在某个前提下可用于高速机构

（D）采用该规律的凸轮机构从动件的最大加速度约为 4.9m/s^2

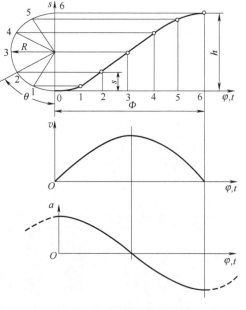

图 2-13   ××曲线规律线图

[参考答案]

1. D   2. A   3. D   4. ACD   5. BD

学习心得

第③日
凸轮机构时序图

传统教材或讲义大都没有过多阐述"时序图"这个工具,事实上对于凸轮机构的实战设计而言,它才是学习的重中之重。掌握了时序图,就掌握了凸轮机构设计最精髓的部分。换言之,设计一个凸轮机构,也许对凸轮本身一知半解还能折腾,但如果连时序图都没搞清楚,则一定潜藏失败的风险,即便侥幸成功,也一定是"依葫芦画瓢"的结果。

本日我将结合实践对相关内容进行梳理、总结,请读者朋友务必耐心阅读,真正消化理解时序图的绘制意义、原则、方法、技巧。

3.1 设计意义

如图3-1所示,大多数凸轮机构都会用到两个或多个凸轮组,这样的话,除了单个凸轮本身要有转角分配、运动规律、传动关系等细节处理外,凸轮之间也需要动作先后的协调配合规划,后者我们通常用一个叫"时序图"的工具来实现。

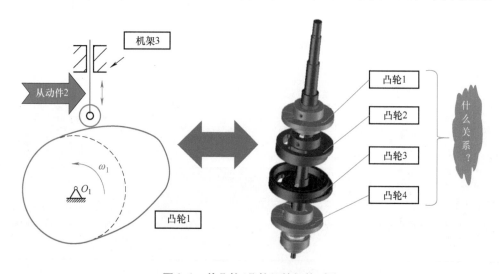

图 3-1 单凸轮/凸轮组的机构对比

如图3-2所示,研究一个凸轮的时候,说的是"升程/回程××曲线图";研究一组凸轮的时候,说的是"凸轮组时序图"。时序图不仅定义机构内每个凸轮的运动规律,而且约束了凸轮之间在运动方面的角度分配和运动协调关系。

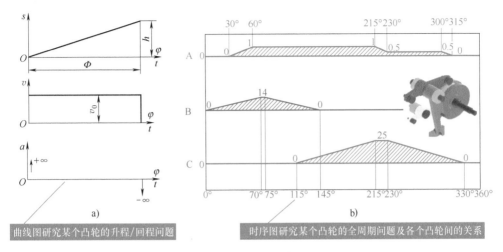

曲线图研究某个凸轮的升程/回程问题

时序图研究某个凸轮的全周期问题及各个凸轮间的关系

图 3-2　单凸轮/凸轮组的分析工具

　　时序图，就是对协同运动的各机构单元进行"时"和"序"规划和排配的图表工具，不局限于凸轮机构。时序图也用于其他类型机构，尤其是执行元件比较多的场合，通过这个工具可以比较清晰地表达出动作状况，如图 3-3 和图 3-4 所示。当然，如果机构比较简单或要求比较宽松的情形，我们可以在脑海中过一遍时序图，倒不一定要绘制出来。

　　时序图一般深度整合行业工艺，并不是随意绘制的，必须考虑到实际的实施方案或机构动作是否合理、有效。换言之，完成一个工艺应先干什么后干什么，每个动作大概耗时多久，联动机构有没有必要提前或停顿等，这一系列问题要先理清楚，然后才有时序图，缺乏对特定产品制程工艺的全面、深入的了解，一般难以绘制出合理的时序图。如图 3-5 所示，是一个连接器排针插入机构，分别由三个盘形凸轮控制机构的"夹""切""插"工艺，送料部分的则是一组气动机构。该机构的凸轮组设计对应的时序图，如图 3-6 所示，我们可以清楚看到设计者赋予该机构的运动规划。

　　0°~50°：送料部分把端子往前送，同时下扶持刀往上动作，其他机构不动。

　　50°~90°：上压切刀往下动作，其他机构不动。

　　90°~130°：上下刀夹着端子往下切断，在最低位置前的 125°，整组提前开始往前推进（插针动作）。

　　130°~185°：整组加切机构继续往前推进，并且在 180°时送端子机构开始复位。

　　……

　　类似上述这种"时序规划"，是建立在对特定行业特定工艺充分了解的基础上的。如果根本不清楚什么叫夹切插，那么也无从下手，只有对工艺掌握得足够深入了，才能游刃有余。比如，在 185°~215°的过程中，插针动作有短暂停留，上

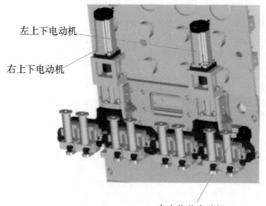

左上下电动机

右上下电动机

左右位移电动机

一个简易点锡膏机的动作时序图

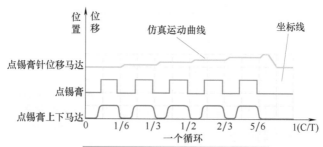

位置　位移

仿真运动曲线　　坐标线

点锡膏针位移马达

点锡膏

点锡膏上下马达

0　1/6　1/3　1/2　2/3　5/6　1(C/T)

一个循环

横坐标：表示一个工作循环的时间坐标

纵坐标：表示马达位移或者气缸的位置

图 3-3　点锡膏机的动作时序图

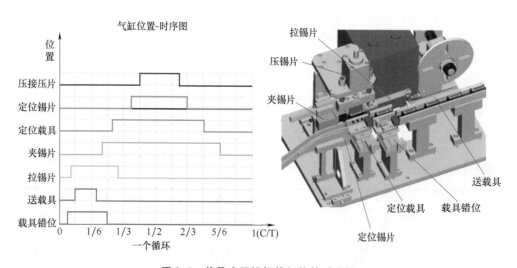

气缸位置-时序图

位置

压接压片

定位锡片

定位载具

夹锡片

拉锡片

送载具

载具错位

0　1/6　1/3　1/2　2/3　5/6　1(C/T)

一个循环

拉锡片

压锡片

夹锡片

送载具

定位载具　载具错位

定位锡片

图 3-4　载具式压接锡片机构的时序图

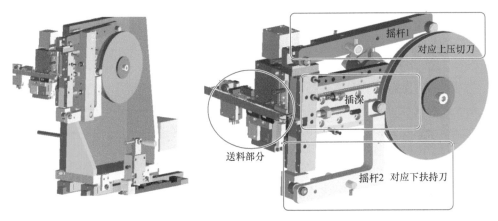

图 3-5　连接器排针插入机构

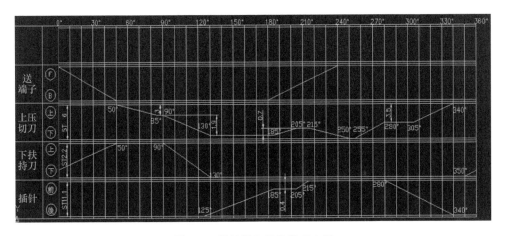

图 3-6　排针插入机构的时序图

切刀打开后再继续推进到位，这个属于该产品装配工艺的细节问题，不具备普适性（换个产品，可能就是直接推进插到位了），因此在此不展开讨论。但由此可以引申出一个思考：学习归学习，真正要设计某个行业工艺的凸轮机构时，您一定要在该行业工艺有些相关经验，如果对时序图的熟悉度不够、掌控力不足的话，除了抄袭现成机构，可能会无从下手，这是正常现象。另外强调一点，电控工程师也常用时序图进行编程思路的分析，一般考虑点都不太深入、细致，错了大不了改改程序、调调参数，但凸轮机构不一样，没有试错、调整的机会，所以需要有更周详、审慎的规划，尤其工艺部分对经验数据的依赖性较强。

也就是说，绘制时序图时，除了考虑机构本身的运转外，还要结合行业工艺或产品特点等进行综合考量。打个比方，用气缸做一个插针动作，估计来回就0.4s，但是如果产品装配导向性不佳，就可能需要放慢速度或者增加一些导向的机构，这些动作可能会影响到整体性能，那么反映到时序图时，差别有时就挺大的。不同人绘制时序图时，如果结果不一样，那么往往会体现在对这些细节的考虑。反过来说，我们通过阅读时序图，能够迅速抓到该产品工艺的经验或精华。

3.2 绘制方法

尽管时序图简单到只有若干线条和记号，但绘制时序图的能力，却不是单凭看几个案例就能练就的。大家需要结合自己所在行业的工艺，多检讨、多总结，当然也有一些方法和技巧，以下是个人建议，仅供参考。

1. 熟悉工艺动作和逻辑

对工艺动作及其逻辑务必要有非常清晰的认识，这是大前提。一个完整工艺，可以拆分成几个动作单元，哪个先执行，哪个放最后，哪个能提前，哪个要滞后，如何合理分配总时间（作业周期）和角度（共360°）等，前期可粗略表达成如图3-7所示的凸轮机构示意图，然后再慢慢调整、细化、完善。

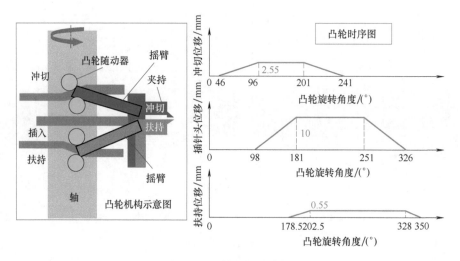

图 3-7   凸轮机构示意图

2. 时间或角度分配的原则

时序的时间或角度分配不合理，会导致个别凸轮成为"瓶颈"，从而影响到机构的整体运行速度。当所有动作驱动凸轮都能集成在一根轴上时，有以下几种情况：

● 顺延式：每片凸轮的动作有先后次序，如果颠倒或重叠就会"打架"，比如一个独立的工艺性凸轮机构，必须要考虑该机构本身的凸轮动作的时和序，相对严苛。

● 并列式：每片凸轮的动作并无必然关联性，比如一台设备若干工艺机构共用的驱动凸轮组，考虑的是整台设备的各独立工艺的时和序，相对宽松。

● 交叉式：既有顺延要求的凸轮（组），又有并列情况的凸轮（组），综合考虑。我们平时在做机构时，思维上应该一方面尽量将顺延式动作转化为并列式动作，另一方面则着力于将顺延式的动作进行优化、改进、加快。

（1）只考虑角度分配问题　当所有动作驱动凸轮都集成在一根轴上时，只要考虑角度分配比重问题，重要的耗时多的工艺，分配的时间或角度就多点，以确保动作协调性和工艺合理性，至于实际运行速度的调整，就是整体转快点转慢点的问题，只要分配得当，不存在机构时间瓶颈问题。换言之，只要次序对了，比例对了，该机构理论上就能发挥出较好的时序效果。

（2）角度分配和瓶颈时间双重考虑　当动作驱动形式，除了凸轮组还有其他类型机构时，往往会有时间瓶颈，则建议在设计角度粗略分配完成后，根据机构的时间周期（T）进行验算、修正。比如凸轮插针机头混有"伺服 + 丝杠"形式的机构，该动作在时序图上占据多少相位（角度）？对应能够分配到的时间有多少？电动机转速是多少？丝杠螺距有多大？是否能满足运动要求？如果达不到该时间要求，是否换螺距更大的丝杠（电动机转速不足时）？还是说赋予更多的相位角度？……多数人把时序图简单理解为"序"图，即反映各个凸轮的先后动作，事实上还需要特别注意量化各动作（尤其是瓶颈动作）的时间。比如期望凸轮机构的设计周期 $T = 1.44\mathrm{s}$，则每 $1°$ 对应 $0.004\mathrm{s}$，凸轮机构上某个动作使用了气缸动力，占据相位角 $50°$，相当于该动作时间只有 $0.2\mathrm{s}$，那这样到底行不行呢？不行又怎么办？如果不考虑这些问题的话，最后的结果可能需要改机构，或者让凸轮机构减速（因为气缸动作是瓶颈）。

事实上，影响机构动作时间的因素有很多，例如 PLC（可编程逻辑控制器）延时、空气压力情况、传感器反应时间（一般赋予 $0.02\mathrm{s}$ 左右）、电磁阀反应时间、负载状况、电动机种类、丝杠传动比、皮带齿距、供料机能力（比如直振、振动盘，一般赋予 $0.5\mathrm{s}$ 左右）等，要精确评估的话难度比较大，尤其是普通的气动机构，往往需要参考一些经验数据。如图 3-8 所示，是一个上料机构气缸动作的

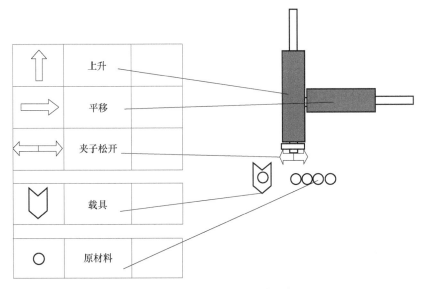

图 3-8　上料机构气缸动作的示意图

示意图，该机构动作包含原材料抓取、上下移动、水平移动、爪子松开等动作，拆解后的时间预估见表 3-1。例如一个气缸动作行程 30mm，我们一般会赋予 0.15 ~ 0.3s 的时间，因为大量气动设备的气缸实际运行时间大概在这个范围，可为我们粗略评估提供一个参考。当然，实际确定时间时，还需要结合特定工艺，某些情况可能 0.1s 就可以，某些情况需要 0.4s，这都是正常的。

表 3-1　上料机构气缸对应的时间预估表

图　　示	动作形式	行程	时间	行程	时间	行程	时间
⬇	下降	0 ~ 30mm	0.25s	0 ~ 60mm	0.35s	60 ~ 123mm	0.5s
⬆	上升	0 ~ 30mm	0.25s	0 ~ 60mm	0.35s	60 ~ 123mm	0.5s
⬅	平移	0 ~ 30mm	0.25s	0 ~ 60mm	0.35s	60 ~ 123mm	0.5s
➡	平移	0 ~ 30mm	0.25s	0 ~ 60mm	0.35s	60 ~ 123mm	0.5s
↻	旋转	90°	0.20s	180°	0.25s		
⇥⇤	夹子夹紧		0.20s				
⇤⇥	夹子松开		0.20s				

（3）角度分配的技巧

1）匹配工艺。重要或精密工艺，可适当多分些时间，结合特定工艺，确认可行，忌讳只单纯考虑机构本身动作的实现。例如，某个动作用来做电阻焊工艺，由于该工艺本来就耗时间（可能要 1s），这时要以工艺实际所需时间为主，不能只考虑机构动作有多快。

2）减小振动（高速凸轮）。所有动作曲线在时间坐标上的交点应尽可能错开，尤其是冲击性动作，避免共振。因为升程/回程动作在始末点可能存在冲击、振动，如果都叠加在一起了，对整体机构的振动影响可能增大。

3）角度均摊。各凸轮单位在角度上分摊的升程相近，再根据载荷机构适当调整。例如，某片凸轮升程为 10mm，占据 50°，另一片凸轮升程为 12mm，可赋予 60°，如果后者工作载荷更大，可适当增加相位角，如 70° 等。

4）升程平缓。升程应尽可能小，分配足够的角度（相当于赋予足够的升程时间），曲线不可过急过陡，压力角不要过大。

5）预留偏差。工艺始末或动作切换的"点"应是一个小角度范围，这样即便转角有少许偏差，位置仍然是准确的。例如，原点落在 0 ± 5°时，机构没有误动作。

6) 增大基圆。空间允许，尽量增大基圆。例如，从动件升程/回程段，角度分配宜大一些（等于给予更多的运动时间）。

7) 放大比例。由于时序图更多是分配凸轮转角比例的问题，有时可考虑将时间放大处理。例如，某凸轮机构有 3 个动作，要求设计周期为 0.3s，常规思维下可能会想这个 0.15s 似乎不妥，那个 0.05s 好像太少……产生不够用的错觉。如果我们放大 10 倍，或者假设这是个"气动机构"，那么这个动作大概 1.5s，那个动作要 0.5s……然后根据比例赋予各自的凸轮转角，即考虑的是每片凸轮如何去瓜分 360°，最后实际运转效果只是凸轮转快转慢的调整罢了。

(4) 时序图和凸轮系运动对应关系的确认　绘制好时序图后，需要认真细致地模拟、推敲一番，尤其是第一次制作，最好请教一下有经验的朋友或同事。因为如果时序图错了，基本上机构就废了，而且不太容易改动过来，或者说时序图不够优化、完善，则机构作业性能会有些折扣。

3. 机构时序图的绘制

先看一个简单案例。

如图 3-9 所示为电阻自动压帽机传动系统图。这是一个"所有动作驱动凸轮都能集成在一根轴上"的工艺机构。工艺流程大概是：首先要实现电阻体上料，然后夹紧电阻体，再送电阻帽，最后将电阻帽压紧，属于"顺延式"动作。相应地作出各凸轮的时序图，比如上料凸轮动作，0° ~ 90°为将电阻送到预设位置，90° ~ 150°为等待夹紧时间，150°时开始复位，240°时回到最初位置……同样道理，把其他凸轮工艺机构进行角度上的分配，确定并调整动作行程，汇总到一起就构成时序图，如图 3-10 所示。

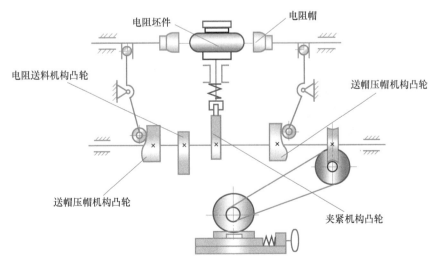

图 3-9　电阻自动压帽机传动系统图

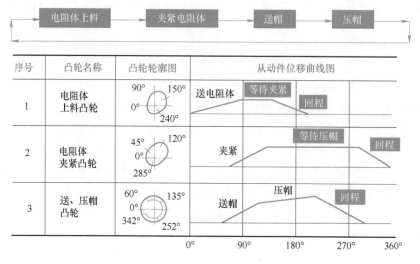

图3-10　电阻自动压帽机工作循环图

时序图的机理，有点像"硬程序"，不同的是，软件编程可以推倒重来，凸轮"编程"只能一次到位，所以"谨小慎微"也不为过。无论遇到什么项目，实际绘制时序图时，分以下两种情况。

（1）已经有类似的机构工艺案例　如图3-11所示的夹、切、插端子立式凸轮机构，已经是实体机了（也有现成的时序图），运行高速、稳定、可靠。虽然左右两个机构的呈现形式不一样，但动作工艺基本一致，所以为了提高效率或降低风险，就很有借鉴意义。比如现在另外一个项目的产品工艺类似，则一般不需要花太多精力去研究，在"读懂"既有技术资料的前提下，稍微做下校核、确认后，就可以拿来用了（注：前提是这个设备的设计没问题）。

图3-11　工艺类似的凸轮机构

正如我一直强调的，整个行业经过多年的发展和沉淀，事实上已经很少有"设计盲区"（不知道机构怎么做）了。我们应该做技术的有心人，多搜集一些类似的案例，但要注意"搬"别人时序图时，自己一定要读懂，它反映的其实是设计思路和对工序的细致考虑。如图 3-12 是另一个相对复杂的凸轮模组机构案例，对应的时序图如图 3-13 所示，研究下能实现什么工艺，凸轮之间的时和序是怎么分配的，为什么有的动作中途有停顿……当我们积累的这些案例足够多时，意味着我们在做具体设计工作时，有更多的思路和经验，也就能更好地胜任该行业该公司该岗位的设计工作了。

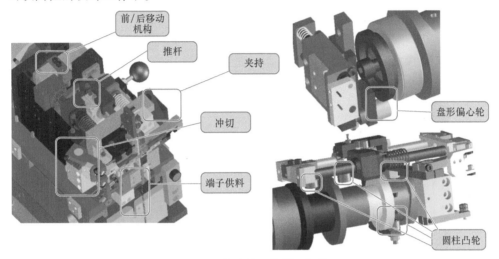

图 3-12　复杂的凸轮模组机构

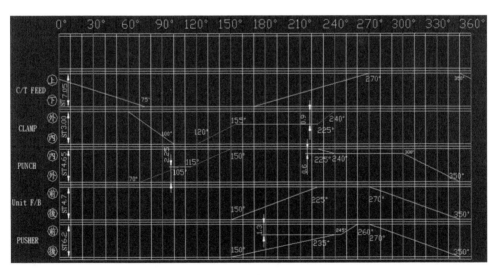

图 3-13　凸轮模组机构对应的时序图

（2）缺乏能参考的机构工艺案例（可能有案例，只是没找到）　一般来说，如果不了解特定行业的具体工艺，基本上不太能够绘制时序图，更别说设计凸轮机构了。假定有如图 3-14 所示的凸轮机构，要求转速为 60r/min，即周期 $T=1\text{s}$。

1）首先要搞清楚该机构要实现什么工艺动作，解决序的问题。先送端子，到

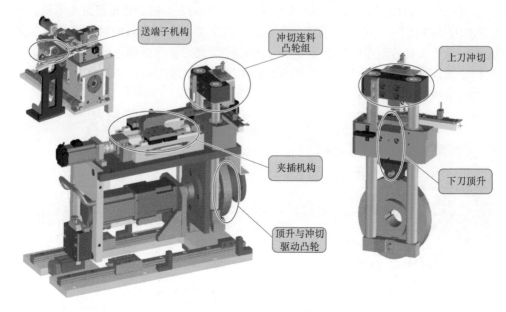

图 3-14　凸轮模组机构

位后上刀往下冲切，然后往上走回一小段距离，维持状态一定时间，夹插模组在某个位置开始往前走，到达某个位置后，下刀开始下降，同时上刀再次继续往上退。

2）接着根据设计周期（凸轮每转 1°对应 0.0028s）评估每个动作的可行性，解决时的问题。比如夹插机构采用"伺服 + 丝杠"的模式（注：如果是高速机构，建议把此类机构整合到凸轮模组中去），需要分配多少转角才能满足？伺服电动机的额定转速为 3000r/m，则为 50r/s，假设丝杠螺距为 10mm，则相当于夹插端子能走 500mm/s，实际行程为 35mm 的话，大概费时 0.07s，再加上加减速时间几十毫秒，大概定 0.2s 左右，也就是 70°左右（能分配多些角度更好）。

3）大致把时序图绘制出来，检讨优化各工艺动作，如图 3-15 所示，绘制要点：

① 时序图虽然没什么设计规范，但也有些要讲究的地方，以表达清晰、准确为原则。比如定义好原点（一般是键槽位置）、顺逆时针转向、从动件的运动方向（上下、前后、左右等），以及在升程/降程的轮廓曲线规律类型等。

② 绘制一个横坐标是角度、纵坐标是行程的图表，对各运动单元命名后标示在图表一侧，每栏对应一个单元，同时说明初始结束位置和动作方向。

③ 将机构完成一个完整工艺的各单元动作进行拆解，依照顺序梳理一遍，例如插端子一般是六字诀：送夹切插张退，这一步和做气动机没区别。角度一般以10°或15°为一个单元格，要特别注意各单元的时和序，不能冲突。

④ 根据时序图，对机构进行模拟，例如转 10°后该怎样，如有干涉或疏漏，再回去修正时序图，直到时序图准确表达设计思路。

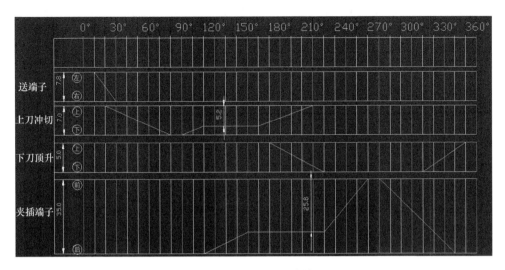

图 3-15　凸轮模组机构对应的时序图

⑤ 如果曲线太多且采用同一规律的话，不一定要标示在时序图上，可通过文字注释方式定义，比如在说明栏写上"升程、回程均采用 MS 曲线规律"。

⑥ 动作很多的场合，要充分考虑每个动作有没有提前的可能性。举个例子，在做插端子机时，为防止机构"打架"，在送料完成之前，一般不要有其他动作。但当注意到有些动作即便开始了也没影响到送料的顺畅性时，就可以提前动作。

为了说明凸轮组时序图的实战设计思路，我们再看另一个案例。如图 3-16 ~

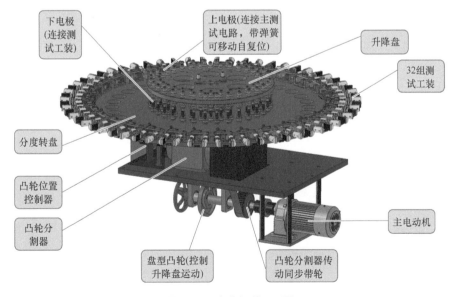

图 3-16　主体机构 3D 图

图 3-19 所示的一台双凸轮（自制凸轮＋凸轮分割器）电容赋能机，这是技术论坛某会员工程师分享的资源，也已经是实体机了。设备要达成的功能是：给喷金后的电容芯子赋予能量，同时也把不良的芯子挑选出来。客户要求设备为 32 工位（包含测试工位、良品及不良品下料工位、空工位等），赋能时间为 0.5s 的情况下，最大产能为 40～60 个/min。在规划时序图（如图 3-20～图 3-24 所示）时，其充分考虑了工况要求、工艺条件、曲线规律、机构能力等，思路如下：

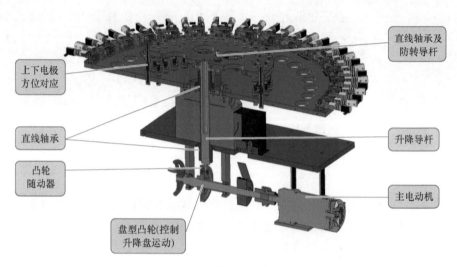

图 3-17　主体机构剖视 3D 图

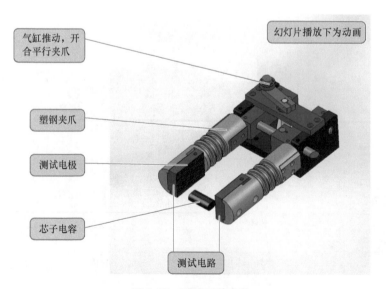

图 3-18　测试工装夹具

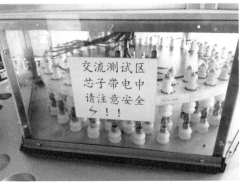

图 3-19　一台双凸轮（自制凸轮 + 凸轮分割器）电容赋能机

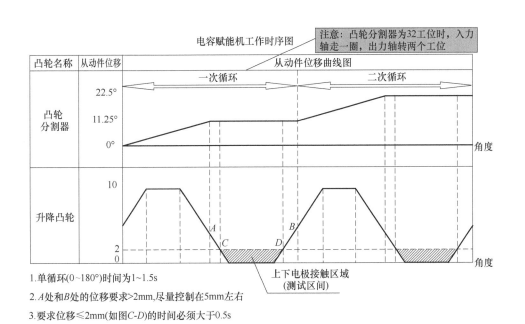

1. 单循环(0~180°)时间为1~1.5s
2. A处和B处的位移要求>2mm,尽量控制在5mm左右
3. 要求位移≤2mm(如图C-D)的时间必须大于0.5s

图 3-20　凸轮时序图规划（一）

1）设备生产效率为 40 ~ 60 个/min，则作业周期为 1 ~ 1.5s/个。

2）稳定测试时间为 0.5s，凸轮分割器静行程时间 >0.5s。

3）如图 3-25 所示，按电气工程师提供的数据，上下电极需带压力稳定接触；上下电极脱开距离需大于 5mm，上下行程为 10mm，压缩行程为 2mm。

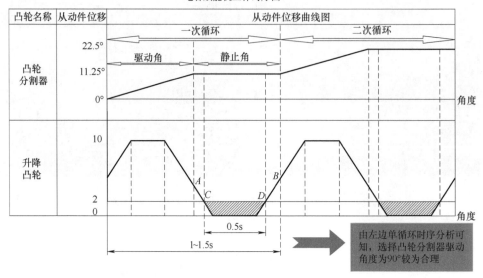

图 3-21　凸轮时序图规划（二）

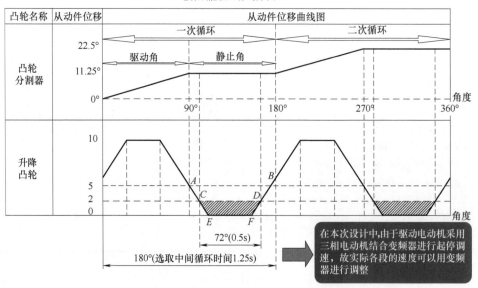

图 3-22　凸轮时序图规划（三）

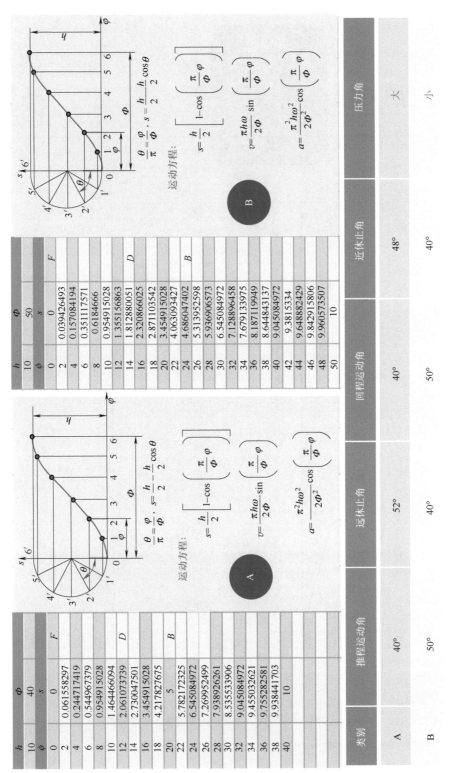

图 3-23　凸轮时序图规划（四）

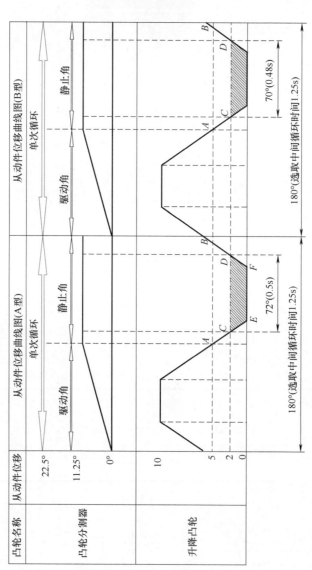

如左图所示，A型时序和B型时序的测试时间(C-D段分别为0.5s和0.48s差别较小，但是B型时序提供了较大的推程和回程运动角，有效的减小了凸轮压力角

图 3-24　凸轮时序图规划（五）

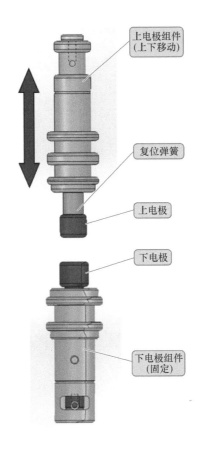

上电极组件
(上下移动)

复位弹簧

上电极

下电极

下电极组件
(固定)

图 3-25　上下测试电极

 **小结**（见图 3-26）

　　时序图的绘制，属于平时修炼的内容，不能一蹴而就，需要下点功夫学习。尤其是若干动作连贯相互制约的工艺，如果集中到一个凸轮轴系来实现，处理各片凸轮的时序工作，对新人而言还是有挑战性的。但幸运的是，大多数情况我们都能找到参考，即便需要重新绘制，也会有一些借鉴和技巧。

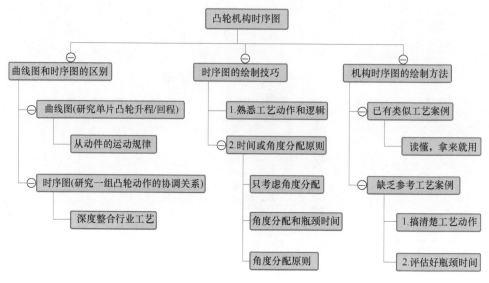

图3-26　小结

每日一测（案例分析题）

　　尝试绘制出本书第7.1节所示案例"某电子产品的终压裁切机构"的时序图。假设：上模总行程为8mm，下切刀顶升行程为2.5mm，要求该凸轮机构在0.2s完成顶升、压深（和裁切同步）、复位动作（注：做本题时亦可等看完本书后再进行）。

学习心得

第❹日
凸轮的绘制与加工

凸轮的绘制与加工这部分的内容其实不算重点、难点，但在很多设计新人眼里却是问题较多的"痛点"，所以有必要给大家梳理总结一下。

4.1 凸轮是如何绘制的

凸轮的 3D 图一般都放在最后才绘制，前期可以用粗略的"虚拟凸轮"（比如一个大小差不多的圆盘或圆柱）代替，先把相关参数设计和定义出来。主流3D软件的系统功能强大，也有很多专门的凸轮绘制插件（如 SolidWorks 的麦迪插件），凸轮绘制本身不是难事。如图 4-1 所示是某个软件的凸轮绘制插件界面，只要输入相关的条件、信息，便能生成相应的凸轮，至于凸轮正确或合理与否，则主要取决于前期定下的"设计信息"，如图 4-2 所示。"必备信息"的拟定过程，事实上就是凸轮机构最有价值的环节，也是本书论述的重点，接下去主要是绘图上的问题，查阅相关软件帮助手册即可。

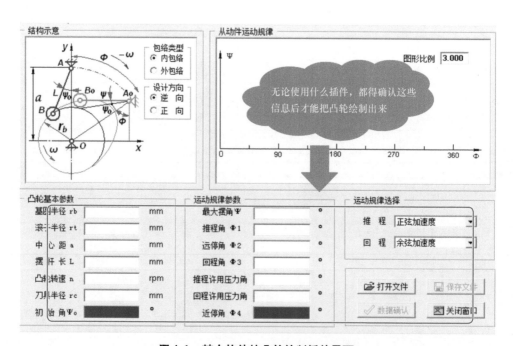

图4-1　某个软件的凸轮绘制插件界面

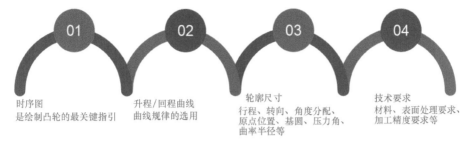

01	02	03	04
时序图 是绘制凸轮的最关键指引	升程/回程曲线 曲线规律的选用	轮廓尺寸 行程、转向、角度分配、 原点位置、基圆、压力角、 曲率半径等	技术要求 材料、表面处理要求、 加工精度要求等

图 4-2　绘制凸轮需确定的"设计信息"

1. 软件/插件的选用

绘制凸轮的重点、难点不在于会不会用软件，而在于在使用软件的过程中，输入哪些参数，以及如何确保参数正确、合理。如图 4-3 所示为凸轮设计/生成工具，各种软件、插件的内在机理和应用方法其实大同小异，也比较容易上手。比如用 OneSpace（一款非参数化的 3D 设计软件，简称 OSD），虽然没有专用的凸轮生成插件，但可以用国外的 Cam-Designer SE（收费软件）凸轮设计插件，产品网址是：http://delta-eng.com。再比如用 SolidWorks（一款参数化的 3D 设计软件），则有专用的凸轮生成工具——麦迪凸轮设计系统或 CamTrax64，可帮助设计人员创建几乎所有类型的凸轮实体模型。

图 4-3　凸轮设计/生成工具

2. 熟悉专业术语

无论采用的是何种软件，均需熟悉一下相关的名词术语，例如使用 CamDesigner SE，则术语如下：

● Overall Cam Data：凸轮总体参数。

● Individual Segment Data：各运动区段参数。

● Units：单位的意思，对应有美国单位 UI 和国际单位 SI，一般选后者。

● Cam Type：凸轮的类型，有旋转（Circular）和移动（Linear）两种。

● Follower Type：随动器类型，有直动（Translating）、摆动（Oscillating）和连杆（Linkage）三种类型。

● Kinematic Starting Angle：运动起始角，注意不一定是原点，看凸轮相对零点所处位置。

● Profile：轮廓（曲线）。

● Segment Amount：区段总角度数，比如从 10°开始到 50°，就填写 40°。

● Segment Incr.：区段增加的单位角度数，比如 0.5°。

● Initial Final Fraction：是一个无因次比值，初始点（Initial）是0，终点（Final）是1。

● % Const. Vel. ：这项不用填写。

● Final Velocity：行程或回程的末端速度值，一般为0。

● All Segmens Data：Cam Information 数据保存后，会显示清单出来。

● Displacement by：有三种情况，一般是输入（Input），还有返回（Return），以及计算（Compute）。

● C Factor：C 因子，根据规律选取的不同而变化，修正正弦曲线的 C 值 = 0 ~ 0.25，取 0 变为余弦曲线，取 0.25 变为正弦曲线，一般填入 0.125。

● Follower Displacement：除了手工输入外，某些位置还可以根据运动规律和参数计算出结果。

● Initial Cam Position：区段开始角度，是某个状态对应的角度。

● Follower Direction：随动器方向，包括升程（rise）/回程（fall）。

● Final Cam Position：区段结束角度，也是某个状态的角度，比如135°。

● Dwell：休止区。

……

类似以上这些内容，不管是英文还是中文，只要稍微记一下，实际操作起来便会轻车熟路，并不构成凸轮绘制过程的障碍。

3. CamDesigner SE 的凸轮绘制案例（轮廓线）

我们以 OneSpace 软件绘制凸轮为例，如图 4-4 所示。由于它为非参数化软件，理论上不太适合绘制凸轮，但大多数场合的要求其实不高，可用该软件直接绘制凸轮，如果要求比较高，则采用第三方插件，如 CamDesigner SE 绘制轮廓曲线，然后再导入 OneSpace 生成凸轮。

图4-4 凸轮绘制方法的选择

以下对使用 CamDesigner SE 绘制凸轮轮廓曲线的过程和方法做简要介绍。

假定有一个盘形凸轮设计案例，时序图如图 4-5 所示，我们利用 CamDesigner SE 来绘制。

1）打开 CamDesigner SE 插件的程序界面，主菜单如图 4-6 所示，首先单击 Kinematics 按钮。

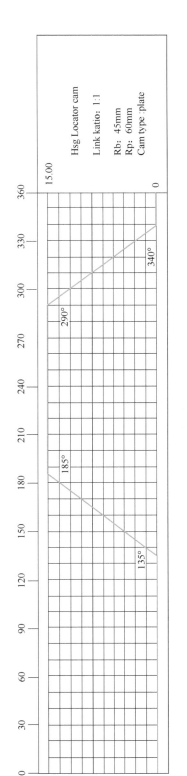

图 4-5　某个盘形凸轮的时序图

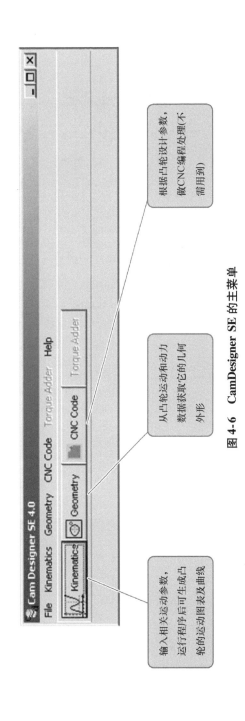

图 4-6　CamDesigner SE 的主菜单

2）进入确定运动相关参数的界面，如图 4-7 所示，根据凸轮的设计要求，进行参数设置。

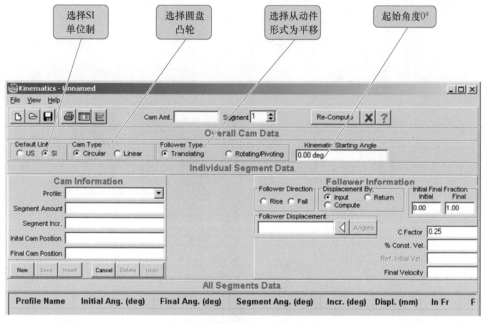

图 4-7　确定运动相关参数的界面

3）递增性输入（依照时序图）不同运动区段的相应运动参数，比如本案例的第一区段运动，数据如图 4-8 所示，输入完成后，单击 Save 按钮，数据自动进行计算并保存。

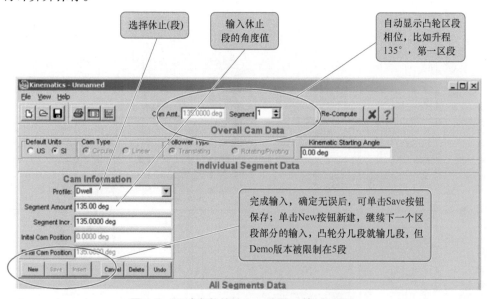

图 4-8　运动参数的输入、设置（第一区段）

4）再次单击 New 按钮，依据时序图，继续输入下一个区段的参数，如图 4-9 所示。如果需要修改，双击各段 Profile Name 下方的曲线名进行编辑。

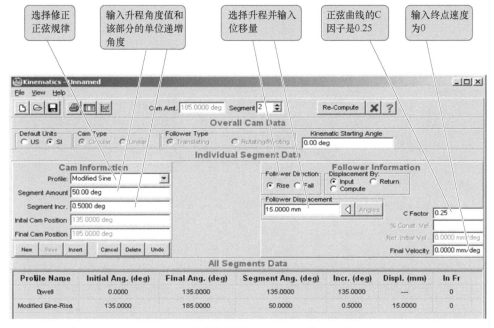

图 4-9　运动参数的输入、设置（第二区段）

5）再用同样的方式，依次输入第三区段至第五区段的相关参数，结束角度是 360°，如图 4-10 所示。

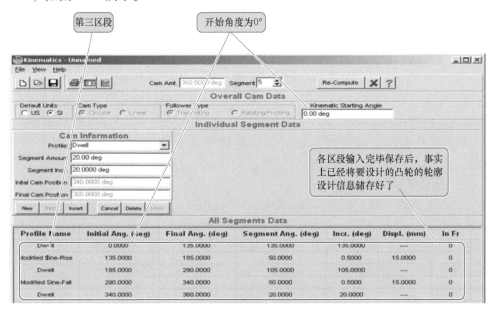

图 4-10　运动参数的输入、设置（其他区段）

（注：Dwell 为休止区；Modified Sine-Rise 为修正正弦上升曲线规律，根据设计要求进行选择）

6）保存相关运动参数文件，注意与保存曲线参数不同，这次是保存整体的文件，按钮在主菜单，如图 4-11 所示。

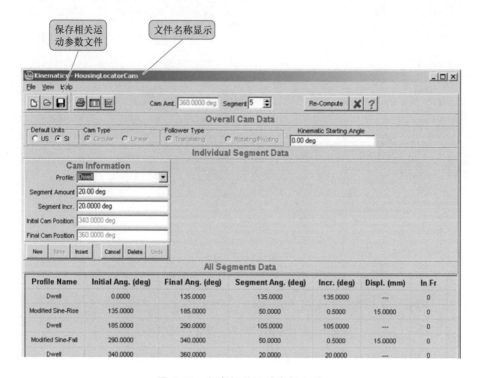

图 4-11   保存相关运动参数文件

7）如果发现时序图不对，要进行修改，则先直接双击曲线名称，然后在上方输入新的数据，如图 4-12 所示。

如果不需要修改，对已经保存好的数据，单击"运动的输出"按钮，软件将自动生成该凸轮在不同角度下的位移、速度、加速度和跃度等信息，细化程度与凸轮技术信息的"Segment Incr."设置有关（本案例是 0.5°），如图 4-13 所示。

8）软件也可以输出相应的运动学曲线图（注意不同颜色曲线的实际意义），如图 4-14 所示，可以找出该凸轮的位移、速度、加速度的最大值，便于进一步分析。

如果采用的是其他插件，也有类似的分析界面。如图 4-15 所示的 CamTrax64 软件的数据分析界面，我们可以查阅到凸轮的轮廓设计参数，比如位移、速度、加速度、压力角、曲率半径等，包括其最大值、最小值，进而确认设计的合理性。举个例子，假设从动件的质量为 5kg，最大加速度为 2.6m/s^2，则其惯性力 $F = ma = 5 \times 2.6 \text{N} = 13 \text{N}$。以此类推，很多难以通过计算获得的数据，在软件相关表格的呈现下会变得直观、易得。

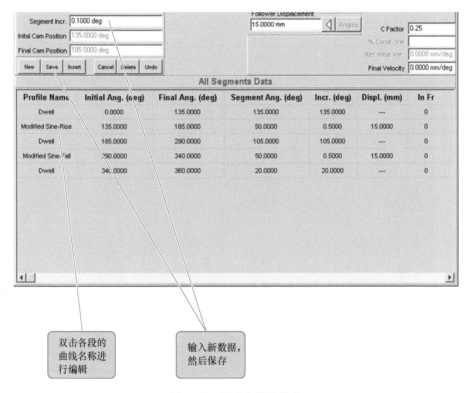

双击各段的曲线名称进行编辑

输入新数据，然后保存

图 4-12 运动参数的修改

单击查看运动输出

表格详细列出了每隔 0.5° 的不同位置的位移、速度、加速度和跃度数据

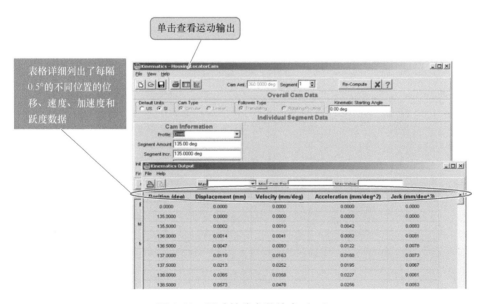

图 4-13 运动性能参数输出（一）

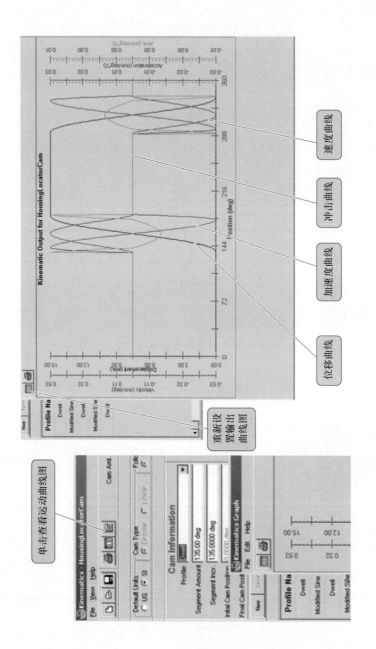

图 4-14　运动性能参数输出（二）

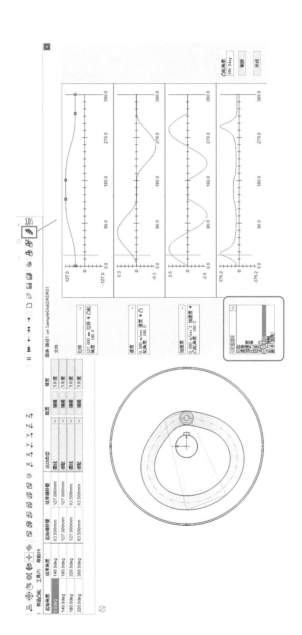

图 4-15　基于 CamTrax64 软件的数据分析界面

9）保持运动学曲线图界面的开启状态，然后单击几何图形（geometry），将进入从动件系统参数输入界面，如图4-16所示。需要录入的数据主要是凸轮基本数据、凸轮运动方向、转速、从动件尺寸和材料数据（常用材料的弹性模量和泊松比见表4-1）等。

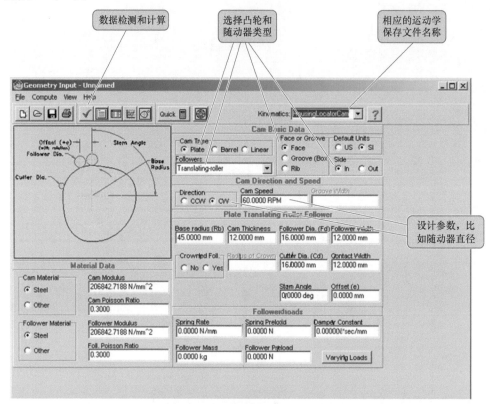

图4-16 从动件系统参数输入界面

表4-1 常用材料的弹性模量和泊松比

名 称	弹性模量 E/GPa	切变模量 G/GPa	泊松比 μ
灰铸铁、白口铸铁	115~160	45	0.23~0.27
球墨铸铁	151~160	61	0.25~0.29
碳钢	200~220	81	0.24~0.28
合金钢	210	81	0.25~0.3
铸钢	175	70~84	0.25~0.29
轧制磷青铜	115	42	0.32~0.35
轧制锰黄铜	110	40	0.35
铸铝青铜	105	42	0.25
硬铝合金	71	27	—
冷拔黄铜	91~99	35~37	0.32~0.42
轧制纯铜	110	40	0.31~0.34
轧制锌	84	32	0.27
轧制铝	69	26~27	0.32~0.36
铅	17	7	0.42

10）单击主菜单的保存按钮，可保存几何图形文件，如图 4-17 所示。

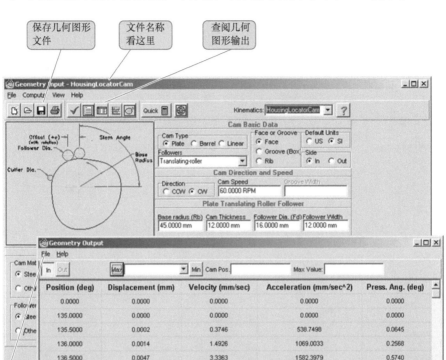

图 4-17　保存几何图形文件

11）单击主菜单的"显示凸轮图样"按钮，可获得凸轮的轮廓曲线图，如图 4-18所示。

12）在 File 菜单里，有个人偏好设置，如单位、输出格式等，如图 4-19 所示。

13）保存为 DXF 格式，依次单击 File → Export → DXF；也可以输出 3D 档案。

14）退出 CamDesigner SE，完成该时序图的凸轮轮廓曲线绘制任务。

接着，我们再用 OneSpace 来绘制凸轮 3D 图。

1）打开 OneSpace Designer，并导入 DXF 文件。注意，这个文件就是我们上面在介绍 CamDesinger SE 插件时保存的凸轮轮廓曲线的几何图形文件，选中后打开，如图 4-20所示，然后按〈Ctrl + c〉键复制，获得该凸轮的轮廓曲线和 2D 关键尺寸。

2）编辑→特殊粘贴→进入 OSDM（OneSpace Designer 的 3D 模块），创建一个工作面，并粘贴刚才那个凸轮轮廓曲线图，如图 4-21 所示，再利用拉伸功能便可构筑凸轮的 3D 零件图。

3）如果凸轮轮廓曲线出现重复，可先转为辅助线图（红色），再转为几何图

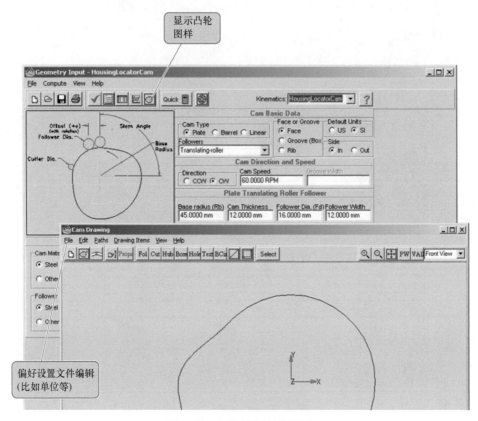

图 4-18　凸轮的轮廓曲线图

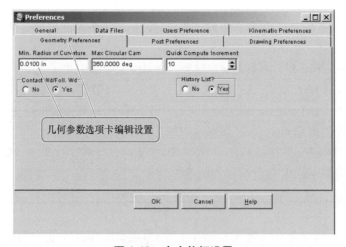

图 4-19　个人偏好设置

形（白色），以获得一个完整的凸轮轮廓曲线，如图 4-22 所示，然后再利用 OneSpace 的拉伸功能就可以生成凸轮外形。

编辑复制，将凸轮
轮廓复制一下

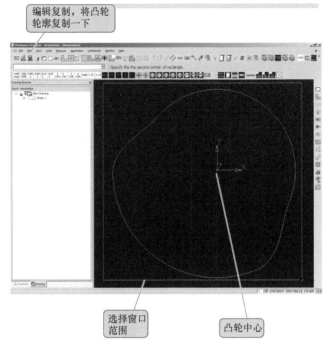

选择窗口
范围

凸轮中心

图 4-20　导入凸轮轮廓曲线图（DXF 文件格式）

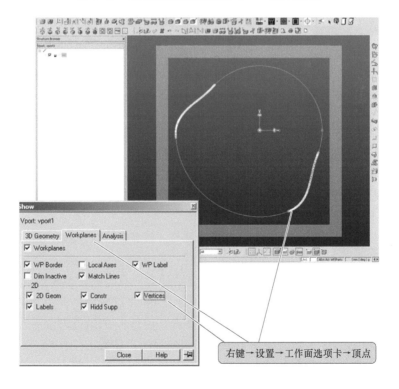

右键→设置→工作面选项卡→顶点

图 4-21　在 3D 绘制界面导入轮廓曲线图

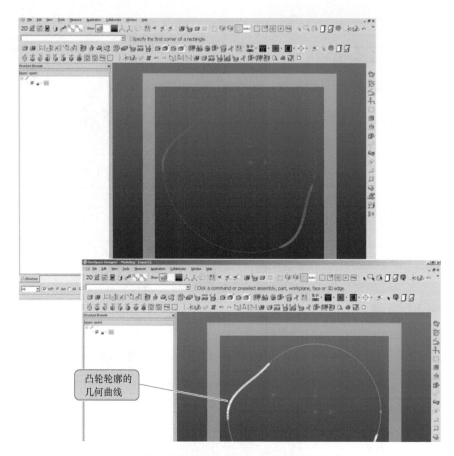

凸轮轮廓的
几何曲线

图 4-22   轮廓曲线出现重复情形的处理方式

4）根据要求再设计轴孔、键槽、轮毂等相关特征。

那么采用的是其他哪种软件或插件来绘制以上凸轮呢？如图 4-23 所示，其实方法大同小异，同样需要确定凸轮的大概轮廓尺寸、时序图、曲线类型等，然后按部就班地输入到软件的相关操作表单中，其会自动输出我们要的凸轮（具体绘制流程略）。

如果是要求不高（比如低速重载）的场合，我们同样以盘形凸轮为例，按如图 4-24 ~ 图 4-37 所示的方式绘制。

同样的道理，首先根据时序图分配角度，注意原点（0°）的位置和转动方向，如图 4-24 所示的是顺时针方向，添上升程/回程实线以区分各角度区段，利用软件的 Linear 功能进行印线，印好线后删除实线。然后在 0°附近增加一个区段（比如 10°），切除掉实体，然后展开，再按部就班地画出曲线、切槽等。最后再折回圆形，补上缺口，修正轴孔，增加键槽等，这样就把凸轮绘制出来了（注：考虑到大部分读者可能没在用 OneSpace 这款软件，所以不详细展开描述，请大家领会方法、思路即可，这部分内容有共通的参照性）。

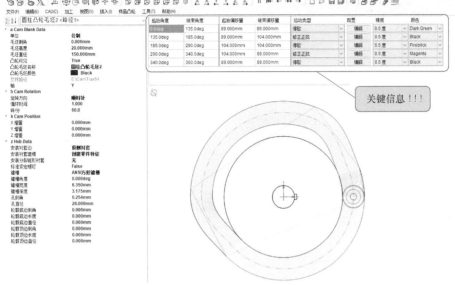

图 4-23　采用其他软件绘制本案例凸轮

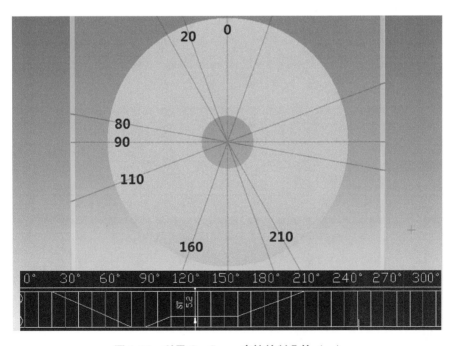

图 4-24　利用 OneSpace 直接绘制凸轮（一）

圆柱凸轮的绘制方法类似，也是想办法展开成平面图，然后构造轮廓曲线，切出沟槽，再反折回去……只是盘形和圆柱凸轮的展开轴线与平面图的位置关系不同罢了。

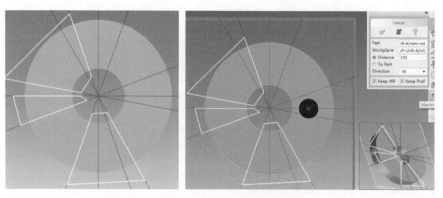

图4-25 利用 OneSpace 直接绘制凸轮（二）

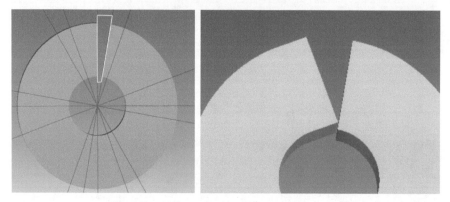

图4-26 利用 OneSpace 直接绘制凸轮（三）

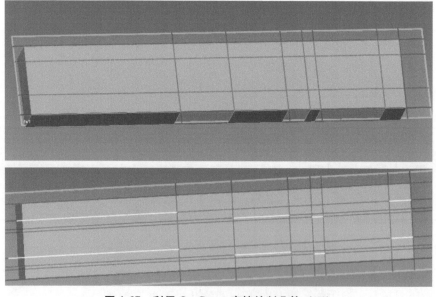

图4-27 利用 OneSpace 直接绘制凸轮（四）

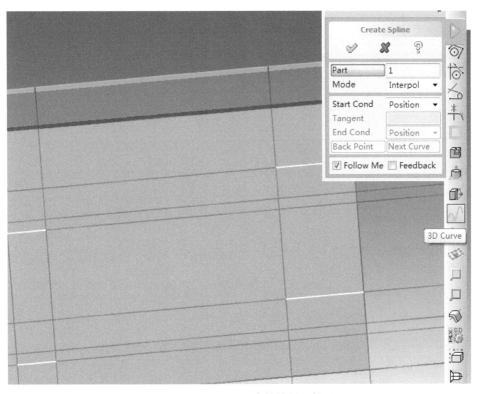

图 4-28　利用 OneSpace 直接绘制凸轮（五）

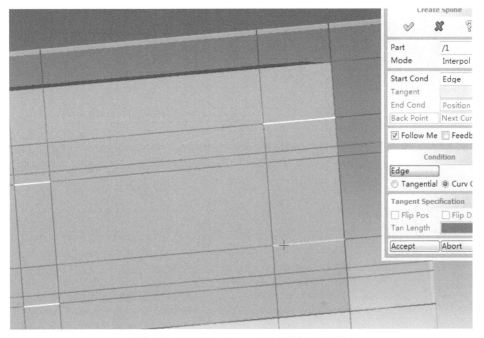

图 4-29　利用 OneSpace 直接绘制凸轮（六）

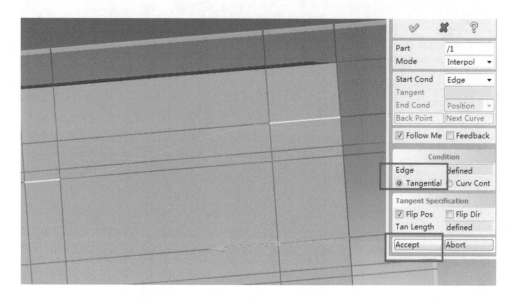

图 4-30　利用 OneSpace 直接绘制凸轮（七）

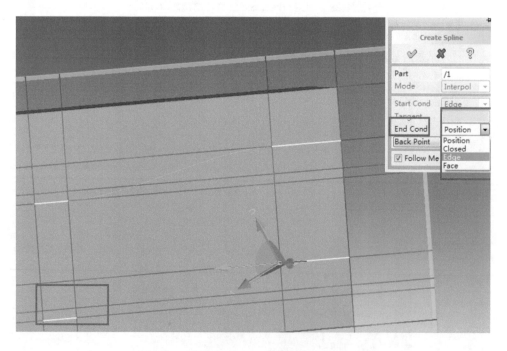

图 4-31　利用 OneSpace 直接绘制凸轮（八）

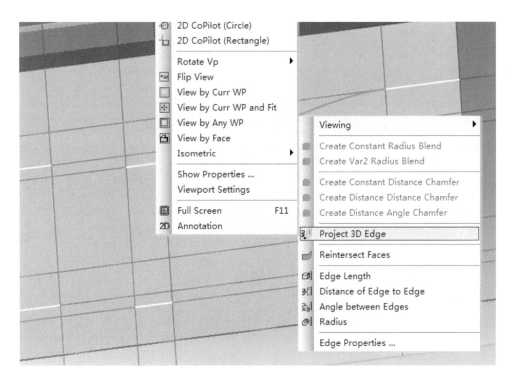

图 4-32　利用 OneSpace 直接绘制凸轮（九）

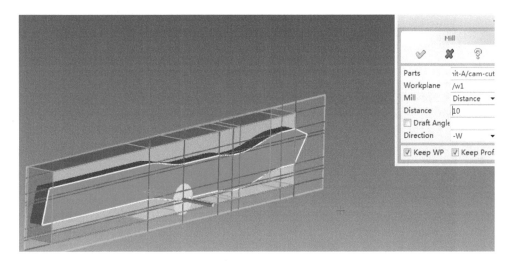

图 4-33　利用 OneSpace 直接绘制凸轮（十）

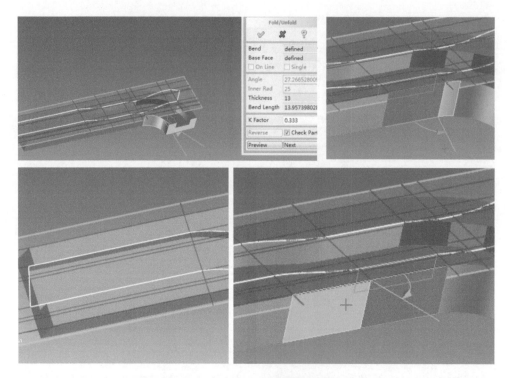

图 4-34　利用 OneSpace 直接绘制凸轮（十一）

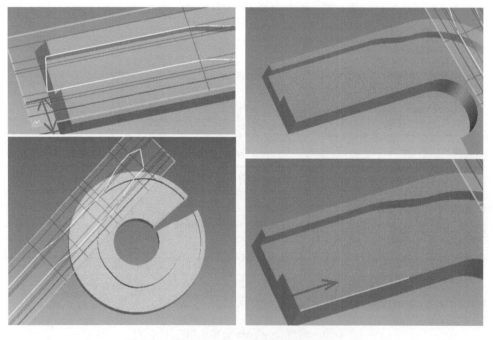

图 4-35　利用 OneSpace 直接绘制凸轮（十二）

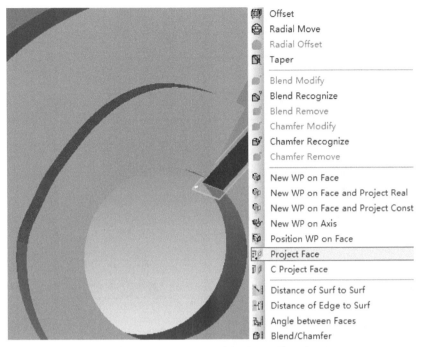

图 4-36　利用 OneSpace 直接绘制凸轮（十三）

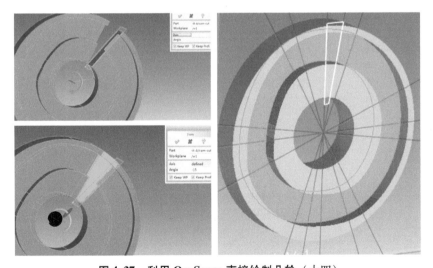

图 4-37　利用 OneSpace 直接绘制凸轮（十四）

【提示】　上述是采用 OneSpace 软件来绘制凸轮的案例。事实上采用其他软件也有类似的操作，万变不离其宗，这属于软件基本操作和插件应用熟练度的问题。读者朋友平时如果不是用这款软件设计，可直接跳过相关的描述，道理是一样的。具体用哪个工具，也看您的工作要求和个人偏好。比如有些日本工程师会用 Excel 表来设计和分析凸轮，如图 4-38 和图 4-39 所示，这个工作和我们通过专用插件来完成这两者并没有本质区别，还是需要提前拟定出"必备的技术信息"。

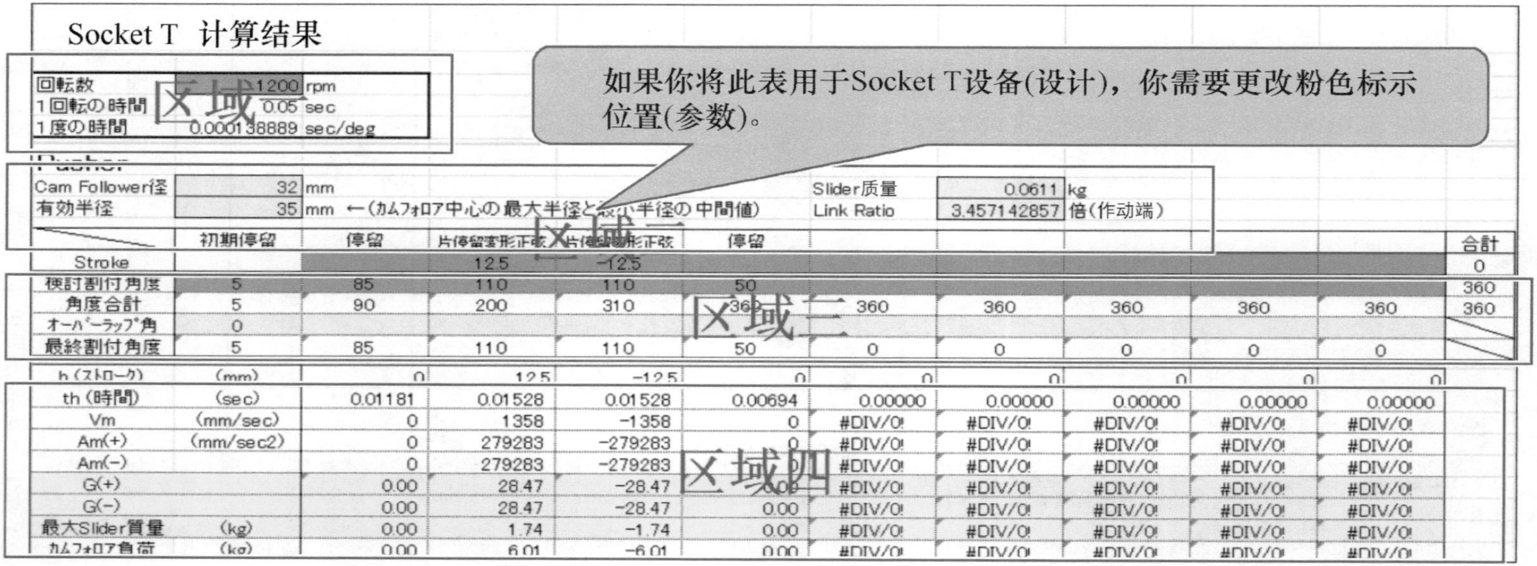

如果你将此表用于Socket T设备(设计)，你需要更改粉色标示位置(参数)。
区域一
区域二
区域三
区域四

Socket T 计算结果

回転数	1200	rpm
1回転の時間	0.05	sec
1度の時間	0.000138889	sec/deg

Pusher

Cam Follower径	32	mm		Slider质量	0.0611 kg
有効半径	35	mm ←(カムフォロア中心の最大半径と最小半径の中間値)		Link Ratio	3.457142857 倍(作动端)

	初期停留	停留	片停留変形正弦	片停留変形正弦	停留						合計
Stroke			12.5	-12.5							0
検討割付角度	5	85	110	110	50						360
角度合計	5	90	200	310	360	360	360	360	360	360	360
オーバーラップ角	0										
最終割付角度	5	85	110	110	50	0	0	0	0	0	

h (ストローク)	(mm)	0	12.5	-12.5	0	0	0	0	0	0
th (時間)	(sec)	0.01181	0.01528	0.01528	0.00694	0.00000	0.00000	0.00000	0.00000	0.00000
Vm	(mm/sec)	0	1358	-1358	0	#DIV/0!	#DIV/0!	#DIV/0!	#DIV/0!	#DIV/0!
Am(+)	(mm/sec2)	0	279283	-279283	0	#DIV/0!	#DIV/0!	#DIV/0!	#DIV/0!	#DIV/0!
Am(-)		0	279283	-279283	0	#DIV/0!	#DIV/0!	#DIV/0!	#DIV/0!	#DIV/0!
G(+)		0.00	28.47	-28.47	0.00	#DIV/0!	#DIV/0!	#DIV/0!	#DIV/0!	#DIV/0!
G(-)		0.00	28.47	-28.47	0.00	#DIV/0!	#DIV/0!	#DIV/0!	#DIV/0!	#DIV/0!
最大Slider質量	(kg)	0.00	1.74	-1.74	0.00	#DIV/0!	#DIV/0!	#DIV/0!	#DIV/0!	#DIV/0!
カムフォロア負荷	(kg)	0.00	6.01	-6.01	0.00	#DIV/0!	#DIV/0!	#DIV/0!	#DIV/0!	#DIV/0!

图4-38　凸轮动力学参数分析（Excel表）

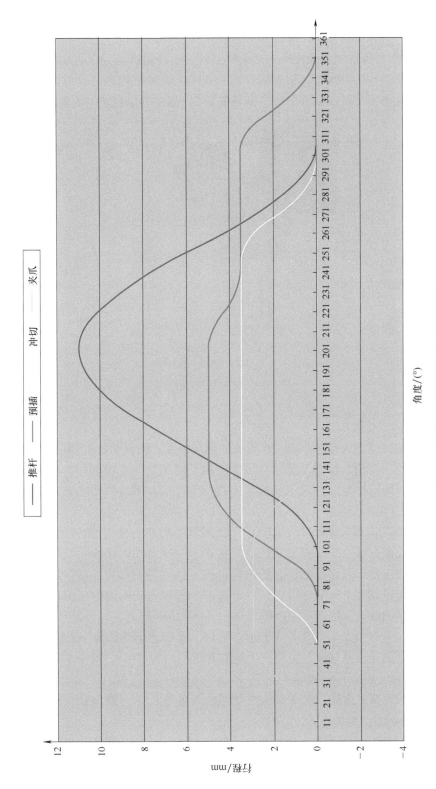

图 4-39　凸轮运动学曲线（Excel 表）

4.2   凸轮是怎么加工的

图 4-40 所示为加工指引文件。凸轮绘制好后，我们就需要发包给专业厂商加工，通常提供 2D 图样即可，如果确定自己的 3D 图是正确的，也可以提供给厂商，但这不是必要文件，因为专业厂商只需要 2D 图样的信息即可加工。

凸轮的3D档案
必须确保各凸轮的时序及各个凸轮的轮廓、曲线正确，其他的事也可以交给专业厂商来完成

凸轮的2D档案
必须有时序图及各个凸轮的基本尺寸、曲线规律和技术要求

图 4-40   加工指引文件

1. 凸轮的图样输出

凸轮的加工精度，包括凸轮工作轮廓的向径公差、表面粗糙度和基准孔公差，以及基圆半径、键槽、轴孔等尺寸。需要特别说明的是，工作图样上的标注不一定会严格按照国家标准或教材定义那样去执行、落实，因此具体问题具体分析显得尤为重要。

（1）轮廓的向径公差和基准孔公差   一般低速轻载的外力锁合凸轮机构，只要保证轮廓表面光滑连续，即使向径有一定误差（比如 ±0.05mm），仍能满足正常工作的要求。对于几何形状锁合的凸轮机构，包括共轭凸轮机构，对误差比较敏感，通常应控制在 0.02mm 以内。对于高速凸轮机构，轮廓的几何形状误差对动力特性的影响较大，因此要求控制在 0.01 ~ 0.02mm 以内。

（2）表面粗糙度   凸轮工作表面过于粗糙，是导致早期磨损失效的主要原因。对表面粗糙度的要求是规定允许的表面轮廓算术平均偏差 Ra。对于一般用途的凸轮，要求 $Ra \leqslant 1.6\mu m$，比较常用的是 $Ra \leqslant 0.8\mu m$；对于高速凸轮，要求 $Ra \leqslant 0.4\mu m$；对于沟槽式凸轮，由于其轮廓加工比一般平面外凸轮困难，因此可适当降低对 Ra 的要求，见表 4-2。

（3）基准孔公差和相对位置精度   一般来说，凸轮安装基准孔的精度采用 H7 或 H6，沟槽凸轮的槽宽公差采用 H7 或 H8，见表 4-3。

表4-2　表面粗糙度

Ra/μm	名称	表面外观情况	获得方法举例	应用举例
	毛面	除净毛口	铸、锻、轧制等经清理的表面	如机床床身、主轴箱、溜板箱、尾架体等未加工表面
50	粗面	明显可见刀痕	毛坯经粗车、粗刨、粗铣等加工方法所获得的表面	一般的钻孔、倒角，以及没有要求的自由表面
25		可见刀痕		
12.5		微见刀痕		
6.3	半光面	可见加工痕迹	精车、精刨、精铣、刮研和粗磨	支架、箱体和盖等的非配合表面，一般螺栓支承面
3.2		微见加工痕迹		箱、盖、套筒要求紧贴的表面，以及键和键槽的工作表面
1.6		看不见加工痕迹		要求有不精确定心及配合特性的表面，如轴承配合表面、锥孔等
0.8	光面	可辨加工痕迹方向	金刚石车刀精车、精铰、拉刀和压刀加工、精磨、珩磨、研磨、抛光	要求保证定心及配合特性的表面，如支承孔、衬套、带轮工作面
0.4		微辨加工痕迹方向		要求能长期保证规定的配合特性的、公差等级为 IT7 的孔和 IT6 的轴
0.2		不可辨加工痕迹方向		主轴的定位锥孔，$d < 20\text{mm}$ 淬火的精确轴的配合表面

表4-3　孔的极限偏差（公称尺寸为 >0~315mm）　　　　（单位：μm）

基本偏差	公差等级 IT	公称尺寸/mm							
		>0~18	>18~30	>30~50	>50~80	>80~120	>120~180	>180~250	>250~315
H	6	+11 0	+13 0	+16 0	+19 0	+22 0	+25 0	+29 0	+32 0
	7	+18 0	+21 0	+25 0	+30 0	+35 0	+40 0	+46 0	+52 0
	8	+27 0	+33 0	+39 0	+46 0	+54 0	+63 0	+72 0	+81 0
	9	+43 0	+52 0	+62 0	+74 0	+87 0	+100 0	+115 0	+130 0
	10	+70 0	+84 0	+100 0	+120 0	+140 0	+160 0	+185 0	+210 0
	11	+110 0	+130 0	+160 0	+190 0	+220 0	+250 0	+290 0	+320 0

凸轮相关构成要素之间的相对位置精度对机构工作性能有重要影响，一般采用 IT 5～IT 7 的公差等级，具体根据机构的精度等级而定。例如，对于直动从动件的平面凸轮机构，位置精度要求集中在这些方面：①凸轮轮廓曲面素线和凸轮在轴上安装孔中心线的平行度，取决于加工机床的精度和刀具的刚度；②凸轮在轴上的安装角度基准和凸轮轮廓设计基准之间的角度位置偏差，一般在 ±5′～±30′范围内选取；③直动从动件运动方向线（导轨基准轴线）与凸轮回转轴线的垂直度；④滚子中心线和凸轮回转中心线之间的平行度；⑤偏距 e 的尺寸公差等。

（4）图样输出案例   和一般的零件 2D 图样表达略有差别，凸轮的图样上一般要附上时序图。可以把连杆或随动器等组件也加上，如图 4-41～图 4-43 所示，应注意在凸轮上做转向标记（顺时针还是逆时针），在起始线处标记原点"0"。当然也可以表达为类似图 4-44 和图 4-45 所示的纯零件格式。凸轮轴也是凸轮机构的关键零件，标注方式如图 4-46 所示。

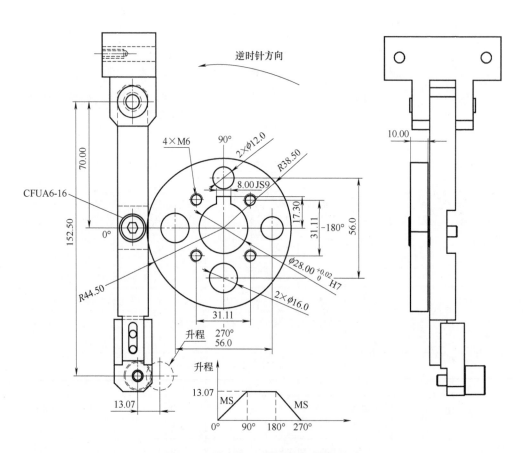

图 4-41　某个盘形凸轮的 2D 图样标注

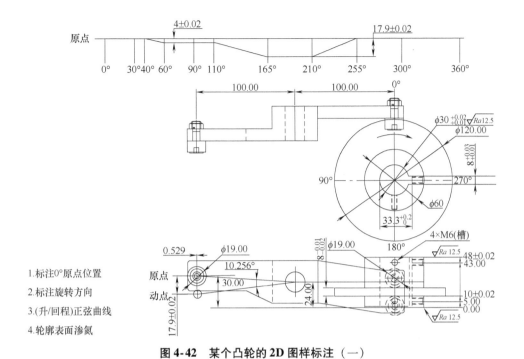

1.标注0°原点位置

2.标注旋转方向

3.(升/回程)正弦曲线

4.轮廓表面渗氮

图 4-42 某个凸轮的 2D 图样标注 （一）

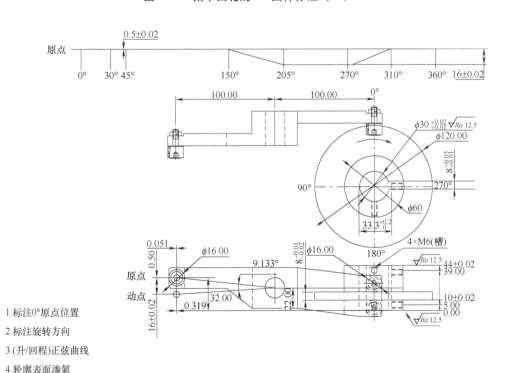

1.标注0°原点位置

2.标注旋转方向

3.(升/回程)正弦曲线

4.轮廓表面渗氮

图 4-43 某个凸轮的 2D 图样标注 （二）

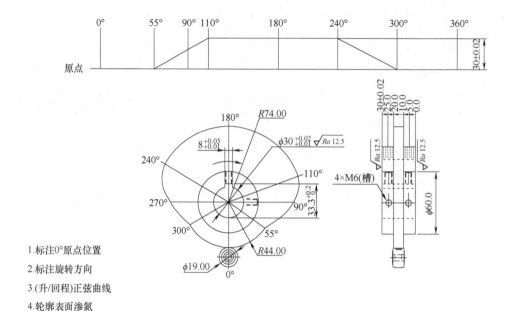

1.标注0°原点位置

2.标注旋转方向

3.(升/回程)正弦曲线

4.轮廓表面渗氮

图4-44　某个盘形凸轮的 2D 图样标注

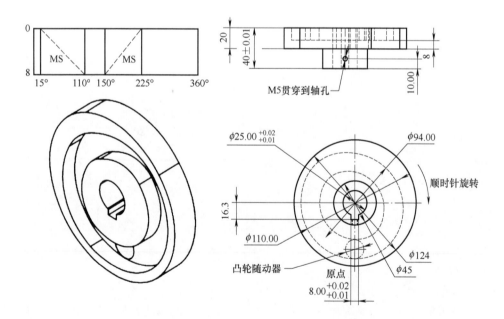

图4-45　某个盘形凸轮（沟槽式）的 2D 图样标注

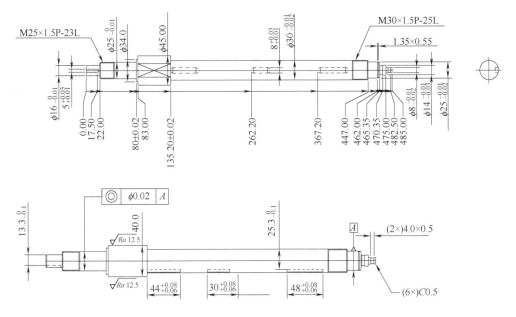

图 4-46　某凸轮机构的轴标注

2. 凸轮的材质

理论上凸轮轮廓与从动件之间是点、线接触，在载荷作用下，接触处因弹性变形而产生一个微小的接触面。一般来说，凸轮副的失效模式有接触疲劳磨损、黏着磨损、磨粒磨损、腐蚀磨损等，相应地选择材料时应注意以下原则：

1) 按凸轮副最大接触应力选择材料，如经过淬火处理的碳钢、合金钢、工具钢。

2) 降低黏着磨损的损坏程度，如铸铁和粉末冶金材料具有自润滑特性，耐磨性好。

3) 材料的配对使用，见表 4-4。

表 4-4　凸轮副材料的配对使用

推荐的配对	不良的配对
铸铁—青铜	非淬硬钢—青铜
铸铁—非淬硬钢	非淬硬钢—非淬硬钢
铸铁—淬硬钢	非淬硬钢—尼龙
非淬硬钢—软黄铜	非淬硬钢—积层热压树脂
非淬硬钢—巴氏合金	淬硬钢—硬青铜
淬硬钢—软青铜	淬硬镍钢—淬硬镍钢
淬硬钢—黄铜	
淬硬钢—非淬硬钢	
淬硬钢—尼龙	
淬硬钢—积层热压树脂	

4）具有适当的硬度差，易于更换的零件用硬度稍低的材料，建议差值为 3 ~ 5HRC。

在实际工作中，较常用的是 SKD11、SCM440、S45C 等，均需热处理和表面处理。其中 S45C 材质的凸轮一般应高频感应淬火，硬化层深度为 1.5 ~ 3mm，淬硬层硬度为 55 ~ 63HRC。

3. 凸轮的加工

常规凸轮的加工，是普通铣床搭配分度头，通过齿轮的配换进行加工。如果是盘形凸轮，也有直接线切割出外形的加工方式。但对于尺寸精度和表面质量要求较高的凸轮，一般是使用多轴数控机床进行加工，如图 4-47 所示，可以在一次装夹的过程中完成所有定位空槽和曲线轨迹的加工，同时也有专门的凸轮磨床进行表面精加工。

图 4-47　凸轮的加工

 小结（见图 4-48）

本日给大家介绍的是使用 OneSpace 绘图软件进行凸轮绘制，可能大部分读者并不太"熟悉"，但这个不重要，把握好思路、方法即可，无论采用什么软件、插件，基本都是一个"套路"，退一步说，即使不会画凸轮，也并不妨碍我们把凸轮机构设计出来。

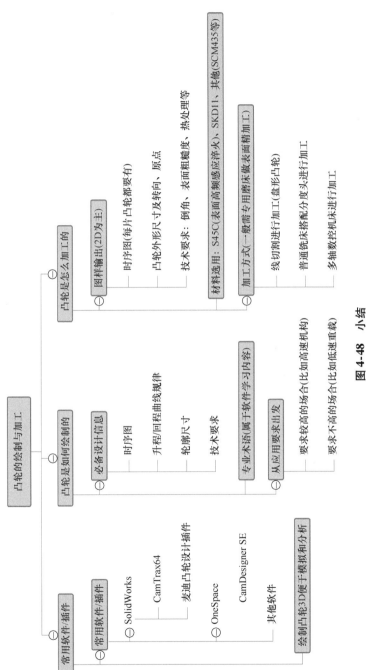

图 4-48　小结

凸轮的绘制与加工

常用软件/插件
- 常用软件/插件
  - SolidWorks
    - CamTrax64
    - 麦迪凸轮设计插件
  - OneSpace
    - CamDesigner SE
  - 其他软件
- 绘制凸轮3D便于模拟和分析

凸轮是如何绘制的
- 必备设计信息
  - 时序图
  - 升程/回程曲线规律
  - 轮廓尺寸
  - 技术要求
- 专业术语(属于软件学习内容)
- 从应用要求出发
  - 要求较高的场合(比如高速机构)
  - 要求不高的场合(比如低速重载)

凸轮是怎么加工的
- 图样输出(2D为主)
  - 时序图(每片凸轮都要有)
  - 凸轮外形尺寸及转向、原点
  - 技术要求：倒角、表面粗糙度、热处理等
- 材料选用：S45C表面高频感应淬火、SKD11、其他(SCM435等)
- 加工方式(一般需专用磨床做表面精加工)
  - 线切割进行加工(盘形凸轮)
  - 普通铣床搭配分度头进行加工
  - 多轴数控机床进行加工

每日一测（不定项选择题）

1. 以下材料不能用于制作凸轮的是（   ）。

（A）SKD11   （B）S45C   （C）SCM435   （D）S136

2. 下述能绘制凸轮的软件/插件是（   ）。

（A）CamTrax64

（B）麦迪凸轮设计插件

（C）CamDesigner SE

（D）ProE

3. 关于凸轮绘制技能说法错误的是（   ）。

（A）用软件绘制凸轮是设计活，比较考验设计思维

（B）用软件绘制凸轮的先决条件是时序图

（C）只要技术信息正确，用不同软件绘制出来的凸轮理论上是一致的

（D）善用软件几乎可以做到设计过程"不用烦琐公式计算"

4. 关于凸轮和从动件的材料配对，不太建议的是（   ）。

（A）铸铁—青铜

（B）铸铁—淬硬钢

（C）淬硬钢—尼龙

（D）非淬硬钢—尼龙

5. 高速凸轮机构的轮廓几何形状误差宜控制在（   ）。

（A）0.01mm以下

（B）0.01～0.02mm

（C）0.02～0.03mm

（D）0.03～0.05mm

【参考答案】

1. D 2. ABCD 3. A 4. D 5. B

学习心得

第❺日
凸轮机构的构件设计

前面和大家分别探讨了理论、规律、时序及制造等内容，这些都从某些层面反映了凸轮机构设计的一些内在机理。换言之，我们平时说应该这样做，应该那样做，都是有一定原因的，原因就藏在那些理论、规律、时序及制造里边。当然，设计成果最终是以机构的形式来呈现的，所以今天我们来学习另一个重要的专题：构件设计。简单地说，就是从实战的角度进行分析，该如何去绘制凸轮机构，有哪些原则、方法、技巧。

5.1 何谓高速凸轮机构

我们知道，凸轮机构特别适合用在高速、精密的场合，那么怎样才算高速呢？这个问题其实不太容易回答清楚，初学者也存在一定的认知困惑。我在《自动化机构设计工程师速成宝典——实战篇》第 25 页提过，生产型设备/机构的生产节拍/作业时间并不单纯取决于机构本身，还与工艺、电控等因素息息相关，难以一概而论。即便是同样一组凸轮机构，生产不同的产品、实施不同的工艺，乃至在不同公司的车间里，都可能有不一样的性能表现。以连接器行业的凸轮机构为例，多数转速为每分钟两三百转，少数能达到每分钟五百或八百转，每分钟一千转及以上的情形也有但不太多。基于这样大致的事实数据，我们姑且认为转速在 500r/min 以上为高速凸轮机构（注：也只有这样的运行参数才有实际意义）。反之，当我们缺乏既有某个行业的一些设备/机构性能数据参考时，往往给出的只能是机构本身的设计预期参数，实际运行起来可能有较大偏差，定义的"高速"也只能是学术意义上的。因此，在实际工作中评估个案时，或者发布成果时，别忘了加上条件和前提（在××项目或者做××产品时预计可达到什么样的转速水平），因为受特定行业、产品结构、工艺条件、物料品管、电控能力等因素影响，有时实际的运行效果令人大跌眼镜（非机构原因，转速大打折扣），很容易让自己成为"砖家"。

作为新人设计指引类教材，本日将跳出具体行业，围绕机构这个先决因素展开论述，探讨如何设计才更有利于高速运转性能的发挥。

5.1.1 学术意义上的高速凸轮机构

教材上关于高速凸轮机构的定义有很多方式，其中有一种，我认为比较有参考意义。当凸轮机构上升到"高速"的层面时，对其研究的方法也从静态演变为动态，主要利用弹性力学理论来分析（注：涉及的基本概念和认识，请读者自行查阅相关教材）。假定 t_h 为从动件的（升程）激振周期（相当于升程耗费时间），T_0 是凸轮从动件系统的自由振动周期，那么比值 $\tau = t_h/T_0$ 反映了凸轮从动件系统的动态偏差和振动对系统的影响程度。

1）$\tau > 15$。为低速机构，表明凸轮机构的工作周期远比系统的自由振动周期大，工作端的动态响应和静态运动规律相差甚微，可按静态问题处理。即不计构件的弹性和质量对系统的影响，用运动学或纯几何关系的眼光去看待，比如位移、速度、加速度都是怎样的，选什么样的曲线规律为好。

2）$6 \leqslant \tau \leqslant 15$。工作端的动态运动偏差随 τ 值的减小而逐渐增加，趋势急缓视运动规律的类型而定。对于加速度无突变的运动规律，如正弦、五次项、修正梯形加速度等，动态运动偏差较小，一般可按静态问题处理，但对于重要使用场合，必须进行动态响应的校核，研究这些运动性能及关系的成因和改进措施。

3）$\tau < 6$。工作端的动态运动偏差随 τ 值的减小而剧增，必须按动态问题处理。

上述 T_0 是系统固有的，系统（机构）不变它就不变，其大小会影响机构的性质和能力。周期比的这个分类，更多是从机构本质去定义的。它的意义在于说明，如果我们能够将系统的自由振动周期减小的话，那么我们就能有更大的速度提升空间。或者反过来说，同样要达到一个预期速度（比如 500 r/min），我们更多的是希望把机构做成学术意义上的"中速或低速"类型（相当于机构本身的"能力充裕"），而不是"高速类型"，后者会产生一些额外的动力学现象，比如振动加剧、构件变形、噪声增大等，需要我们进行深层次的运作机理分析和优化。

举个例子，有 A 和 B 两个升程一致的机构，假定它们自身的自由振动周期分别为 1s 和 2s，再假定凸轮工作周期均为 10s，那么根据定义，A 机构的 $\tau = 10/1 = 10$，属于中速机构（注：一般静态分析），B 机构的 $\tau = 10/2 = 5$，属于高速机构（注：需要动态分析）。为了便于理解，再举一个形象的例子：要求刘翔与你用同样 12s 跑完 100m，对刘翔来说，他的能力绰绰有余，属于我们说的"中速机构"，而你呢，则属于"高速机构"，必须要改造强化，这涉及一系列问题要研究解决，不然跑不下来，或跑下来可能人就废了。

当系统自由振动周期确定后，假设为 0.1s，我们可根据专业书籍建议的周期比取一个工作周期，比如 1s，周期比就是 10，属于"中速机构"。不同的激振位移函数（或曲线运动规律），将得到不同的极限转速，我们需要对工作周期进行"限制"。反之，一旦作业要求工作周期压缩到 0.2s、0.3s、0.4s、0.5s 之类的，则周期比小于 6，变成了"高速机构"，那么就要通过动态分析充分探讨该机构的"能力"，以确保预期速度的实现。此外应当注意，当周期比 $\tau = 2$、3、4……时，系统无余振。因此，虽然凸轮从动件系统的周期比有时较小，但是只要对机器的工作速度进行合理调整，就可以改善其动态性能，调整的要求是使系统的周期比尽可能稳定在某一个大于 1 的整数值上。

1. 什么是"动态设计"

为了获得理想的输出运动，将凸轮从动件系统视为一组弹性系统（用振动学观点）来处理，称为"动态设计"。静态设计和动态设计的理论基础不同，后者比较抽象，涉及大家相对陌生的弹性力学，研究弹性体和振动方面，建议大家熟悉下相关的理论、概念和规律。比如，提到频率 ω 或周期 T，要知道它的含义，比如什么条件下会发生共振（注：当机构转速接近其固有频率时振幅最大），比如什么叫衰减等。

当凸轮机构的运转速度较高时，系统中从动件的惯性力剧增，构件弹性变形的影响会导致工作端运动规律偏离预定的要求，产生不容忽视的动态运动偏差，甚至会激起强烈的振动、噪声，加剧凸轮副的磨损。因此，分析高速凸轮机构时，须进行动态分析和动态设计，也就是用振动力学的观点来研究。在系统的一个工作循环中，凸轮端对工作端的激振只发生在升程/回程段。而在从动件休止区段上，工作端仍然会产生振动。工作端在激振期中的响应称为主响应，在休止区段的响应称为余振响应。后者在经历若干振幅衰减后可达到可以略去的程度，因此适当安排休止段的运动角（不宜过小），可消除相邻激振之间的影响。

2. 什么是系统的自由振荡周期

将凸轮从动件系统中各构件的动力学模型按照构件连接顺序依次连接后，即可获得系统的动力学模型，简化的单自由度动力学模型常建立在工作端，因为后者才是研究目标。凸轮的转速越高，系统中动力学的影响就越明显，工作端的动态误差随周期比的增大而减小，因此必须增大系统的刚度，减小系统中运动构件的质量，从而提高系统的自由振动频率。

如图 5-1 所示，设系统的自由振荡周期为 T_0，则其与系统的固有频率 ω_0 有关。对于一个特定机构来说，T_0 或 ω_0 是其固有特性（或理解为能力呈现），我们希望 T_0 偏小、ω_0 偏大为好。由于 $T_0 = 2\pi/\omega_0$，也就是系统固有振动频率 ω_0 越大越好，$\omega_0 = \sqrt{k/m}$，就是说刚度 k 越大越好，质量 m 越小越好。而构件刚度 $k = EA/L$，E 为材料弹性模量，A 为截面积，L 为构件长度，$m = \rho(\text{密度}) \times V(\text{体积}) = \rho(\text{密度}) \times A \times L$。

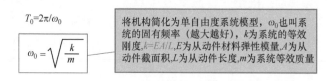

$$T_0 = 2\pi/\omega_0$$

$$\omega_0 = \sqrt{\frac{k}{m}}$$

将机构简化为单自由度系统模型，ω_0 也叫系统的固有频率（越大越好），k 为系统的等效刚度，$k = EA/L$，E 为从动件材料弹性模量，A 为从动件截面积，L 为从动件长度，m 为系统等效质量

图 5-1　系统的自由振荡周期

5.1.2　凸轮从动件系统

如图 5-2 所示，凸轮从动件系统是凸轮机构的核心，也是设计中的重点和难

点，请充分理解相关概念，只有这样，才能在描述系统时理解弹性体的变形和失真观点。

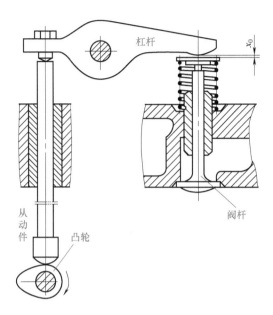

图 5-2　控制内燃机阀门的凸轮从动件系统

（1）从动件系统　是从动件和凸轮轮廓的接触元素到执行元件之间的构件系统；如果包含凸轮，就叫凸轮-从动件系统。

（2）凸轮端　轮廓和从动件的接触元素（点或线）。

（3）工作端　我们设计或预期的工作构件这一端。

（4）执行元件　一般是通过传动机构所带动的构件，比如阀杆就是执行元件，如果没有中间环节则为从动件。

（5）传动机构　凸轮端到工作端，需要一些构件来传递动力或运动，称为传动机构，比如杠杆、摇臂。一般来说，如果执行元件由凸轮机构的从动件直接刚性驱动时，可认为凸轮轮廓运动规律维持不变传递给执行元件，如果执行元件经由连杆机构等中间环节进行传动，则运动规律传递过程可能失真，显然，传动机构越简短越可靠。凸轮端的动力学行为能否精准传递到工作端，是设计工作的重要考量点之一。通常工作端的运动规律才是设计期望的，所以对于高速机构，我们会将整个系统的刚度和质量进行等效折算，再借助动态分析的方法进行分析。

但是理想很丰满，现实很骨感，实际上我们大多数普通职场读者并不具备理论分析的能力和条件，因此可以变通下，不要太纠结于深层次机理，抓住一些有指引性的理论或规律，尽量让机构和零件朝着好的方向去设计即可。比如：机构的刚度应足够高、构件的刚度应足够大、构件的质量宜小些、材质应选弹性模量偏大的、尺寸越短越好，对于移动的从动件，我们应该选 E 偏大的材料，长度偏短为好……

这样就不容易变形或产生振动。

1. 凸轮从动件系统的受力分析

如图 5-3 所示，凸轮机构在运动过程中，受到各种载荷的作用，包括工作载荷 Q_w、惯性力 Q_η、阻尼力 Q_f 和封闭力 Q_g，这些力在运转循环内都是变化的，我们关注从动件和凸轮接触点处的作用力，大小和凸轮结构有关，$Q = Q_w + Q_\eta + Q_f + Q_g$。

（1）工作载荷 Q_w　在做功过程中作用于凸轮上的载荷，指的是设计需要的施加于从动件系统的力，比如切断物料，那作用于刀口上的这个力的反力，就是工作载荷。工作载荷可看成渐变的静载荷，在加速段，与从动件升程方向相反，此时与惯性力同向：在减速段，与从动件升程方向相同，有减缓惯性力引起的冲击和振动的趋势。如果凸轮端和工作端之间有传递动力的中间机构（杠杆、摇臂等），则工作载荷需要根据相关原理定律折算到凸轮端。

（2）封闭力 Q_g　对于封闭力，当弹簧预载不够时，会出现"腾跳现象"，但过大弹性力又会增加凸轮副的接触应力，增大凸轮轴的工作扭矩，动力消耗也相应增加。因此锁合弹簧的设计原则是，在保证不产生"腾跳现象"的前提下，尽可

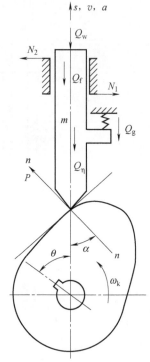

图 5-3　凸轮从动件的受力分析

能减少弹簧对系统施加的附加负荷。假设弹簧刚度为 k，压缩位移为 s，弹簧预载为 Q_o，则 $Q_g = K_s + Q_o$。实际设计时常会在样机出来后，通过多次试验的方式，确认较为合适的弹簧规格及预载，并形成经验。对于几何封闭，从动件和凸轮啮合存在间隙，在加速返回时也会产生横越冲击，因此必须确保加工间隙精度和轮廓的表面粗糙度符合要求。

（3）惯性力 Q_η　具有一定质量的机构，在非匀速移动或转动的过程，会产生惯性力（矩）。其大小是从动件质量 m 和加速度 a 的乘积，即 $Q_\eta = ma$，方向和加速度相反，通过从动件的重心（或质心）。

对于高速机构，在运转过程中各弹性构件因弹性变形而振动，构件本身的振动还会产生振动惯性力，并叠加到整体的惯性力，其振动分量大小，和机构动力学响应特性有关。

惯性力是一个比较抽象的概念，但和加速度（或角加速度）相关，是一个非常重要的概念。在凸轮机构里，这个力处于主导地位，在高速状态下，是最主要的受力分析对象。

（4）阻尼力 Q_f　构件相对运动，必然相互摩擦，产生静或动摩擦力，其大小

和正压力 N 成正比，方向和构件运动方向相反。摩擦系数 f 和材料匹配、表面质量、公差配合、温度变化、润滑状况等因素有关，难以通过理论精确推导，最好的办法是实测（注：如果是一个新机构，要怎么测呢？事实上，完全创新的机构是有可能需要做样机的，或者可能会有失败的风险，不论如何，总会有一定的经验或教训积累，从而继续推动该类机构的发展）。低速时可认为和速度无关，只存在所谓的库仑摩擦力；高速时，同时存在黏性摩擦力。假设黏性阻尼系数为 c，其与速度 v 成正比，即 $Q_f = Nf + cv$。

一般来说，总载荷 Q 发生在升程的工作载荷最大处，如果工作载荷比较小，则发生在加速度最大值处。在高速凸轮机构中，相对惯性力来说，阻尼力或摩擦力可忽略，如果是几何封闭的话，封闭力也为 0，当工作载荷偏小的时候，我们可以简化一下，将其也忽略，即近似认为 $Q = Q_\eta$。

假定凸轮轴转速为 ω，动载转矩为 M_i，当凸轮旋转一个极小角度 $\mathrm{d}\theta$（弧度角）时，从动件质量为 m，发生一个极小位移 $\mathrm{d}s$，如果没有能量损耗则 $M_i \mathrm{d}\theta = Q\mathrm{d}s$，即 $M_i = Q\mathrm{d}s/\mathrm{d}\theta = Q(\mathrm{d}s/\mathrm{d}t)(\mathrm{d}t/\mathrm{d}\theta) = Qv\,(1/\omega) = Qv/\omega$。如果经历时间 t_h，从动件完成升程 h，凸轮转角为 θ_h，则 $v = h/t_h$，$\omega = \theta_h/t_h$，且加速度 $a = h/t_h^2$。再假设所选曲线运动规律的速度和加速度特征值分别为 V_m 和 A_m，则惯性力 $Q = maA_m = hA_m/t_h^2$，因此动载转矩 $M_i = [(mhA_m/t_h^2)(hV_m/t_h)]/(\theta h/t_h) = (mh^2 A_m V_m)/(t_h^2 \theta_h) = (mh^2)(A_m V_m)/(t_h^2 \theta_h)$。如果是摆动从动件，假定转动惯量为 J，总摆动角位移为 ψ_h，则动载转矩 $M_i = (J\psi_h^2)(A_m V_m)/(t_h^2 \theta_h)$。安全系数取 1.5，则所需的凸轮轴驱动转矩近似取 $M = 1.5M_i$。

上述分析的 $A_m V_m$ 也叫动载转矩特性值，也是凸轮曲线规律的特征值之一。为了减小凸轮轴转矩，降低电动机驱动功率，一般选 $A_m V_m$ 偏小的运动规律。

此外，当忽略凸轮端从动件和凸轮轮廓表面的摩擦力时，凸轮对从动件的接触反力 P 作用在凸轮轮廓法线 n-n 上，其大小与压力角 α 有关：$P = Q/\cos\alpha$。P 总是大于 Q，其比值 ε 称为力增大系数，$\varepsilon = P/Q$，希望 ε 偏小为好。

2. 凸轮从动件系统的运动/几何分析

如果从动件系统里边有杠杆或摇臂等传动链，则可按杠杆定理或相似三角形定义等相关理论进行比例折算。除了力的分析外，一般还需要对机构进行运动/几何（如位移）分析，如图 5-4 所示，实际的工作端从动件位移是 14mm，那么折算到凸轮端的升程应该是多少？根据相似三角形的规律进行折算，$14/s = 75/90$，求出 $s = 16.8\mathrm{mm}$。

其他情况也同样道理，如图 5-5 所示，根据三角形余弦定理，直边为 84.4mm，斜边为 x，则 $\cos8.954° = 84.4/x$，所以 $x = 84.4/\cos8.954° = 85.44\mathrm{mm}$。然后再根据相似三角形定理，位移 $s/25 = 85.44/156$，得到 $s = 13.69\mathrm{mm}$，进而就可以得到凸轮大圆半径 = 13.69mm，13.69 + 基圆半径 60.25 = 73.94mm。当然，因为有 3D 软件，所以这些数据也不一定要计算，直接进行模拟、测量也可以。总之要把几何关系搞清楚，从动件实际位移，不一定等于升程，中间有传递机构时

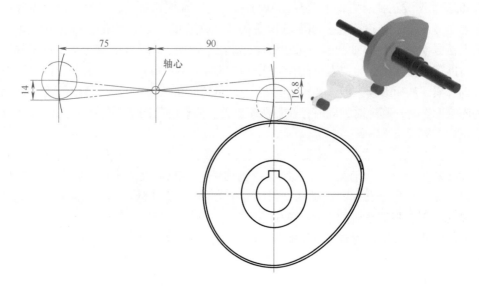

图 5-4 凸轮机构的几何分析（一）

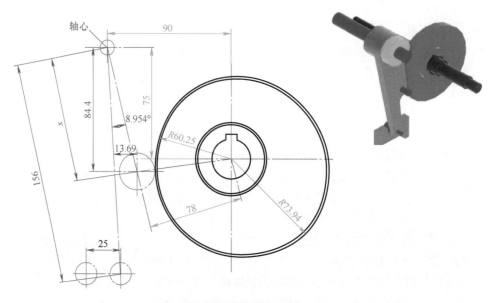

图 5-5 凸轮机构的几何分析（二）

需要换算一下。（注：从凸轮端到工作端的构件刚度、质量等的换算，也要考虑传动机构的传动关系。）

5.1.3 凸轮从动件系统动力模型的建立

对凸轮从动件系统进行动态分析和设计时，首先要建立一个抽象的"弹簧-质量系统"：将真实系统抽象成多自由度系统，再简化为单自由度系统，应用单自由度模型分析高速凸轮机构能满足工程实际的条件。为使得问题简化,力学模型中忽略了凸轮轴的扭转变形、弯曲变形及回位弹簧的阻尼作用。在将真实系统简化为动力学模型后,保留和舍弃哪些自由度,需由设计人员根据经验来判断。凸轮机构一般不是一个线性系统,特别是滚子位移和凸轮转角之间的耦合,是随凸轮矢径的变化而变化的。凸轮机构各构件的输入和输出位移之间的关系,常用传动比的运动传递函数来表示,它是构件尺寸和瞬时位置的连续变量。例如杠杆原理,属于线性传动比;而凸轮与滚子之间,由于轮廓是曲线,凸轮轴一般会发生弹性变形,故二者运动的传递关系复杂。

(1) 等效质量　质量累加,在有传动比时,利用动能守恒(注:$E = mv^2/2$),消去传动比,如图 5-6 所示,最后把各构件的等效质量相加汇总即为系统质量。系统中的锁紧弹簧,若一端被固定在机架上,由于各圈弹簧的运动状况不同,其等效质量可取弹簧质量的 1/3。

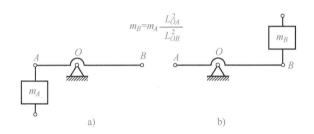

图 5-6　从动件系统的等效质量

(2) 等效刚度　在动态分析时,各构件都视为弹性体,建立动力学模型时,需要将构件不同形式的刚度(弯曲、扭转、拉伸或压缩)用一个具有等效刚度的弹簧来表示,利用弹性变形势能守恒(注:重力势能 $E_p = mgh$;弹簧弹性势能 $E_p = kx^2/2$),将各点刚度折算到等效质量处所具有的刚度,按构件连接形式等效计算,如图 5-7 所示。

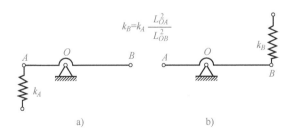

图 5-7　从动件系统的等效刚度

如图 5-8 所示,k 为系统的等效刚度,c 为凸轮机构从动组件的阻尼系数,k_s 为复位弹簧刚度,F_0 为回位弹簧的预紧力,m 为凸轮机构在从动件侧的当量质量,y_c 为与假想凸轮轮廓线有关的等效凸轮升程(即激振当量运动位移),其与真实凸轮轮廓线对应的升程相差一个比例系数 i(传动比,需要根据图 5-4 或图 5-5 之

类的关系进行折算），y 为从动件工作端的实际升程（即所谓的工作端动态响应），则根据振动理论，系统自由振动的固有频率

$$\omega = \sqrt{\frac{k + k_s}{m}(1 - \xi^2)}$$

其中阻尼比

$$\xi = \frac{c}{2\sqrt{m(k + k_s)}}$$

复位弹簧刚度 k_s 与系统等效刚度 k 相比相当小，故 k_s 值也可略去不计，则模型的一阶振动频率

$$\omega = \sqrt{\frac{k}{m}}$$

假设挺柱质量为 m_1，刚度为 k_1，摇臂比为 1，根据图 5-6 和图 5-7，工作端的等效质量 $m_2 = m_1(L_{CD}^2 / L_{DE}^2) = m_1$，等效刚度 $k_2 = k_1(L_{CD}^2 / L_{DE}^2) = k_1$，则 $m = m_1 + m_2$，$1/k = 1/k_1 + 1/k_2$。

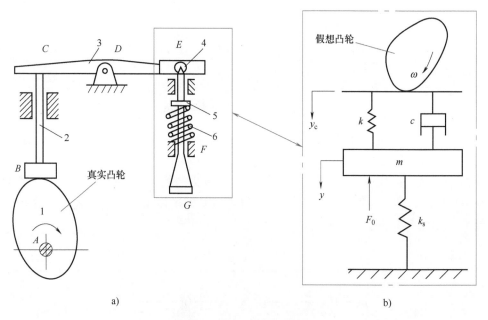

图 5-8 单自由度系统模型

a）运动简图　b）弹性动力学模型

1—凸轮　2—挺柱　3—摇臂　4—摇臂轴　5—弹簧座　6—回位弹簧

建立模型时要善于"理想化"（避轻就重），比如：为了说明激振函数对工作端响应的影响，可略去系统中的阻尼 c 及外荷载 Q，此外在系统中，复位弹簧刚度 k_s 与系统等效刚度 k 相比相当小，故 k_s 值也略去不计。此过程主要依据能量守恒定律。我们可以形象认为，在正常情况下，从动件的质量为 m，发生的位移为 y，刚度为 k，但为了简化分析，常将研究对象视为刚体，那么只要研究它上面的

某一点，就可以大致掌控运动情形，这个代表点，通常选在从动件上。如果从动件系统没有中间传动环节，则选择凸轮端，其运动规律可代表从动件的。如果从动件系统有中间传动环节，则系统中各构件的等效质量、刚度，凸轮端的激振运动，以及系统阻尼，都应按机构的传动机构尺寸换算到工作端。

在实际设计时，大家知道有这么回事就可以了，不必每个构件都去"计算"（注：如果要深入分析，接下来可利用牛顿第二定律建立运动微分方程，然后再用MATLAB求解……），因为实际绘制出来的构件往往是"不规则的"或"非等截面的"，很难用数学的方法算出所谓的"等效质量""等效刚度"，或者等您算出来了项目可能早已关闭。况且行业已经积累太多的技术资源（有些是技术大牛的佳作，有些修修补补也能利用），只要将其消化了，基本上就能胜任设计工作（注：在机械研究院工作的读者例外，本建议略过）。

5.2　构件的设计原则与建议

由于凸轮端才真实反映凸轮的动力学行为，而我们在意的是从动件系统的工作端的动力学行为，如果凸轮端到工作端之间有较多的传动或中转机构环节，就会有能量损失和运动偏差。如果从动件系统刚度足够，而且质量不大，或运行速度较低，则可以默认为刚性系统，可以忽略这种损失和偏差，即凸轮端的动力学行为，基本能够准确无误地传递到工作端——显然设计着眼点应在于如何增加从动件系统的刚度，并尽量减少质量。

如果机器的运转速度增加，或各构件的刚度较小及质量较大，则从动件的运动规律将由于整个凸轮机构受激振动而发生畸变（主要是加速度方面，位移和速度也类似）。此时，凸轮运行状态完全颠覆我们的想象，系统的构件之间受力增加、磨损严重，有振动和噪声等，我们需要将其视为"弹性体"，用振动的观点来处理。无论高速与否，从动件系统的设计原则，在大局方向上是一致的，只要把握好了，即便运行于高速，也只是需要多一个校核流程罢了，这个大局方向就是：首先确保机构设计符合"刚度大、质量小"，且"质量大、刚度小的构件尽量靠近凸轮端"的原则。

简单地说，正如我们在开篇时提到的，能够精确量化设计，自然是最佳的选择，但在实际情况下往往做不到，一来机构工况条件复杂多变本来就不易定量，二来构件众多也难以细致分析（时间折腾不起），况且能选读本书的读者，几乎不太有能力去计算、推导，那怎么办呢？我的建议是，理解和贯彻以下这些建议，首先确保不会犯原则性错误，确保您的设计是合理的，需要深入探讨的部分，各人可以根据自身实际情况灵活处理。

5.2.1　有害振动的抑制

高速运转时，凸轮从动件系统是一个受迫振动的系统，凸轮端的升程运动是系统的激振源。由于构件的惯性力较大，构件的弹性变形及在激振力作用下系统的振动不能忽视，它使得从动系统输出端的运动规律与输入端的运动规律存在差异，需要适当修正输入端运动规律，使输出端运动规律符合设计要求。图 5-9 所示为高速凸轮机构的动力学响应，它形象地描绘出，在不同的周期比下，实际输出端加速度曲线和输入端加速度曲线的偏差（注：位移、速度也有类似的偏差），不同的周期比，失真的程度不一样，可以通过一些图表分析工具（例如 MATLAB 软件）进行动态分析。为了减少这种"偏差"，在设计上主要考虑两个方面：①在单个周期内，升程和回程的最大加速度是否比设计值大；②一个周期结束后是否有残留振动，而设计期望是要静止的，加速度为 0。

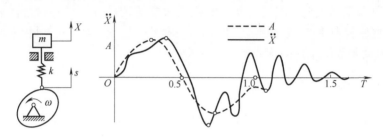

图 5-9   高速凸轮机构的动力学响应

1. 运动规律类型对系统受迫振动的影响

动力系数 k_σ。假定由凸轮轮廓和系统几何尺寸所确定的静态位移为 y_c，而工作端的动态位移为 y，或者假设最大静态加速度（就是没有考虑振动的情形下）为 a_2，有振动的最大动态加速度为 a_1，那么将 y/y_c 或 a_1/a_2 称为动力系数 k_σ。该参数用来评价系统的动态性能，其值越大，工作端的加速度变化幅度就越大，系统的动态性能就越差。

1）简谐运动规律，动力系数 k_σ 随着周期比 τ 的增大而趋近于 2.0。

2）等加速等减速运动规律，加速度的幅值和方向存在突变，动力系数随 τ 的增加而趋近于 4.0，性能较差。

3）加速度连续可导运动规律（如正弦、五次项），动力系数随 τ 的增加而趋近于 1.0，为高速机构常用的运动规律。

运动规律的选取是否得当，是高速凸轮机构的必要条件，但不是充分条件。一般选取加速度无突变的运动规律（这样理论上不存在冲击和振动），而且跃度和跳度值越小越好，高速机构大都采用多项式运动规律。此外，在系统的一个工作循环中，凸轮端对工作端的激振函数只发生在升程和回程段，而在从动件休止区段上，工作端仍会继续产生振动（注：残留振动的衰减快慢，取决于机构的阻尼大小）。因此，对于高速凸轮机构，在工作循环中适当安排休止段的运动角（足够大），可消除相邻激振之间的影响。

2. 系统有害振动产生的原因

（1）从动件系统的传动链宜短不宜长   从动件系统的传动链越短越适合高速凸轮机构，但传动链越长发挥的空间越大越灵活，多数凸轮机构避免不了传动链，区别在于长短不同罢了。我们看到有些体积比较大的机构，如图 5-10 所示，因为工作端和凸轮端距离太远导致传动链很复杂，当然，这种情形侧重于使用凸轮来实现运动轨迹方面的控制，基本上实现不了高速。

（2）瞬时高副失效　利用弹簧或重力的力封闭凸轮机构，由于系统惯性力的作用，可能产生"腾跳现象"。从动件从跳离到重新与轮廓接触时，对系统施加一个额外的激振源，导致系统产生附加的振动并发出噪声。因此必须确保"压紧"从动件的外力足够，当然该力太大对凸轮的受力情况不利，建议参考既有的运行稳定的设备的配置。

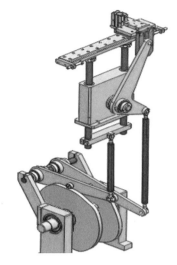

图 5-10　传动链累赘的凸轮机构

几何封闭的凸轮机构，包括凹槽式、凸缘式和共轭式，若接触元素间有间隙，或者消除间隙的预紧力不足时，由于机构运转过程附加动载荷的变化，会导致轮廓的承载面转移，而产生"横向冲击"（实际上，在这一点附近的压力角不超过 45°，其变化率也很小）。因此必须控制间隙量（对加工质量要求较高），或者对接触元素施加足够的预紧力，后者相当于"力封闭"凸轮机构。

（3）轮廓加工质量

1）几何加工误差。轮廓曲线的几何尺寸必须有足够高的精度，通常尺寸误差不大于 0.02mm，采用高次项规律的轮廓精度可能要求达到 0.005mm 以下。

2）轮廓表面质量。制造（工艺）必须专业，对设备要求也较高，若表面粗糙度偏大则会产生高频小振幅振动及噪声，一般要求表面粗糙度不超过 0.4μm（普通场合不超过 0.8μm）。不允许有表面缺陷（如局部凸起或凹坑），因为这些会产生严重的冲击振动。

（4）其他因素

1）工作载荷的变化。执行元件（工作端）的工艺，如果导致工作载荷变大且变化速度快，那么这种剧烈变化的负荷从工作端引入凸轮从动件系统后，也将激励系统产生附加的有害振动。因此在设计时，需要适当地配置升程和回程的相位（占据角度），使系统的惯性力能有效地部分抵消变化的工作载荷，从而减轻有害振动，降低高副中的接触应力，减少凸轮轮廓和从动件的磨损。

2）凸轮轴组件不平衡。每个凸轮都是不平衡的回转零件，设计时需避免轴系重心偏离轴心太多，安装前需对位置关系进行平衡校准，不要扭，不要斜。

3）系统外的干扰。与凸轮从动件系统相连的传动和驱动元件的振动，也会不同程度地影响着系统的动态性能，可采用隔振或减振的措施。比如，在凸轮机构旁边摆一个振动盘，如果把它们放在同一个大板上，就不是很合适。

5.2.2 高刚度和小质量的矛盾

虽然原则是清晰的，那就是尽量让从动件系统达到刚度高和质量小的效果。但是在具体设计时，我们会发现这两个原则是矛盾的，为了让系统刚度高，就要增加紧固件或加粗零件，这样势必在质量上有所增加，而如果为了减少质量掏这儿挖那儿，也势必会削弱零件和机构的刚度……因此，需要取得一个平衡，这既要遵循传统的机构设计理论，也依赖于扎实的构件处理能力。在学习方法上，作为初学者，主要是多看看国外或资深人士设计的凸轮机构，尤其是从动件系统的细节部分，从中获得经验和启发。

1. 扎实的机箱/机架（不能摇晃或软趴趴的）

如图 5-11 所示，目的是确保除了"动"的部分，整个凸轮机构很结实牢靠，这样既能减少振动，也能减少构件变形引起的机器或机构动作起来出现摇晃的现象，否则机构性能在微观上会受不良影响。

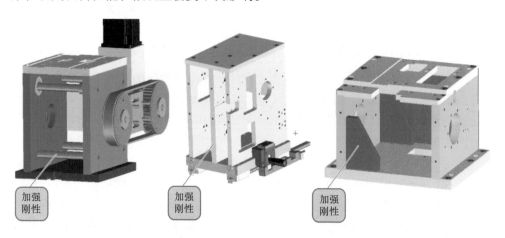

图 5-11　扎实的机箱/机架

2. 增加从动件系统的刚度

构件在承载时抵抗断裂的能力称为构件的强度。构件在承载时抵抗变形的能力称为构件的刚度。如果拆分一下，主要有以下几个设计要点：

（1）可靠固定　构件与构件之间应可靠连接和紧固。当紧固力不足时，变形会增加，且可能慢慢会松动，造成不可预测的状况发生。

（2）控制间隙　对于做相对运动的构件，如果构件间有间隙，晃动大，那么构件就容易碰撞、挤压或变形，造成磨损，从而又加剧变形。

至于具体的做法则有很多。如图 5-12 所示，凸轮宽度宜大点（>20mm），这样凸轮和轴的连接效果会好些；如果凸轮宽度小，可以设置夹紧块（有限位螺钉的圆套筒）；对于杠杆或摇臂，不要用销子简单连接转轴，应用转动轴承和限位（轴）标准件。

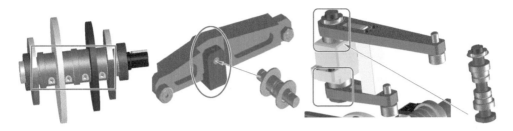

图 5-12　轴系零件的可靠固定和控制间隙

（3）梁一类的构件　根据公式 $k = EA/L$，提高刚度的措施主要有：选用不同类的材料以达到提高刚度的目的（注：弹性模量 E 表示材料抵抗弹性变形的能力，选 E 偏大的材料）；尽量减小梁的跨度 L，避免悬臂结构；合理选择截面形状（工字、空心、阶梯等），提高惯性矩。如图 5-13 所示，矩形梁的高宽比 $h/b = \sqrt{2}$ 时，强度最大；$h/b = \sqrt{3}$ 时，刚度最大。

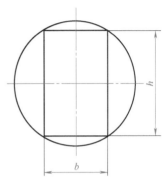

图 5-13　矩形梁的不同高宽比有不同的强度、刚度

虽然构件本身的刚度足够，但如果结构布置不合理，也会削弱机构的刚度。对于比较细长的轴，可加中间支承，以防止梁的变形过大（注意安装精度），或将简支梁改为外伸梁。如果将梁两端的铰支座各向内移动 1/4，最大挠度将仅为前者的 8.75%，如图 5-14 所示。亦可通过改变载荷类型来减小梁的变形，如图所 5-15 所示。

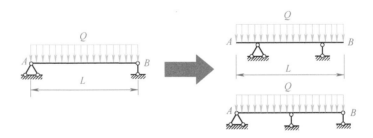

图 5-14　通过加中间支承或改为外伸梁来减少挠度变形

（4）避免负荷过大　对工作载荷的把握不准确，对高速状态下惯性负载的考虑不到位，各种原因造成的阻力大幅增加，这些都会增加构件变形的概率，从而带来不利影响。

3. 减小从动件系统的质量

（1）尽量使工件小巧（相当于减小质量）　越轻巧的物体，克服其惯性越容易，因此对于某些空间有限的场合（比如夹爪），怎么设计才能减少质量，做得比较轻巧呢？互相嵌套是一种方式（两个工件占据一个工件的空间）。但要注意，质

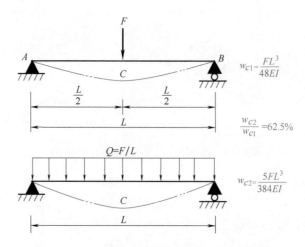

图 5-15   通过改变梁的载荷类型来减小梁的变形

[注：式中，I 为截面惯性矩（mm^4）；E 为弹性模量（N/mm^2）]

量减小的过多，零件的强度和刚度可能会变得薄弱，有些时候可能需要结合实际工艺做一些试验或模拟分析（验证可靠性），也有可能需要采用特别的材料。如图 5-16 所示的夹爪，如果用 SKD11 或者 S45C 则容易变形、断裂，在实际生产时采用青铜，此外由于工件长得比较薄弱，对于尺寸的过渡应尽量圆滑和渐变。

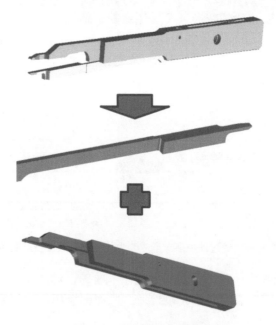

图 5-16   嵌套式的夹爪设计

（2）零件的"掏切"及工艺性   顾名思义，就是对零件"减肉化"并注意工艺性。如果是大零件或强壮工件，可以适当地掏切，比如倒角、挖空、开孔槽，目标是在不影响工件强度或刚度的前提下尽量"减轻重量"，间接美化工件外观。如果是小零件，应注意尺寸避免突变，过渡尽量圆滑或渐变。如图 5-17 和图 5-18 所示的机构，对于传递动力的摇臂，其形状是有讲究的，一个是注意受力较大的地方粗一些，一个是尽量在不破坏强度和刚度的前提下适当挖掉些"肉"（ = 减少质量）。

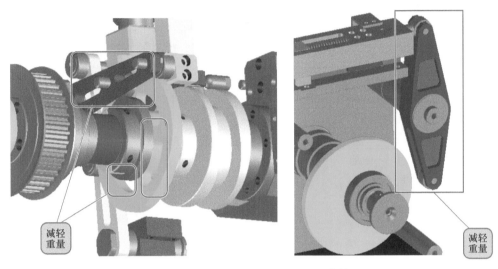

图 5-17　凸轮机构零件的"掏切"及工艺性（一）

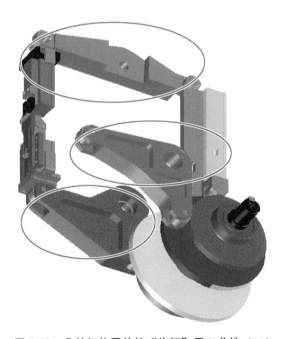

图 5-18　凸轮机构零件的"掏切"及工艺性（二）

5.2.3　其他需要注意的问题

凸轮机构与普通机构有差别，它通常是一个运动联合体，环环相扣，因此除了上述的原则外，我们在构件的组合和处理上，还要注意很多细节问题。

1. 润滑与发热的问题（相当重要）

零件做相对运动，必有摩擦，必会发热，必有磨损，伴随着间隙增大、振动与噪声加剧，其后果就是加速构件失效。因此，必须减缓或改善这种运动状况，措施就是润滑和降温。滑动件除了要考虑润滑的问题外，还要考虑磨损的问题，尽量减少接触面积，构件尽量轻巧些。例如：如图 5-19 ~ 图 5-22 所示，使滑槽与

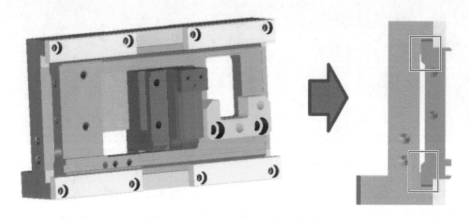

图 5-19　滑槽与滑块减少接触面积

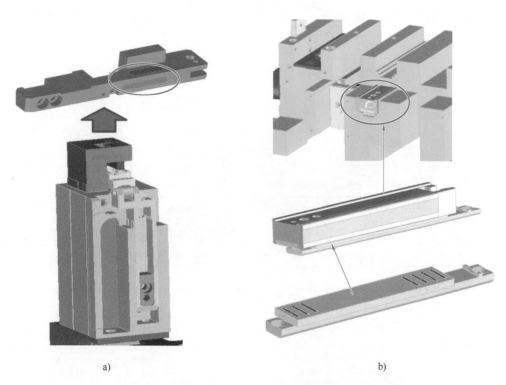

a)　　　　　　　　　　　　　　　　　b)

图 5-20　增加储油槽（a）和滑块特殊支撑方式（b）

滑块减少接触面积，在滑块上增加储油槽，用非金属材料（如 PE）嵌套圆棒作滑块支撑面，采用手动打油装置，增加储油槽，确保运动副构件长期的润滑状态等。

a)　　　　　　　　　　　　　　　b)

图 5-21　采用手动打油装置（a）和增加储油槽（b）

图 5-22　确保运动副构件长期的润滑状态

2. 安装可行性与联接合理性的问题

这个对初学者来说，是个不容忽视的问题。我们知道，凸轮机构通常比较紧凑（不仅仅是对外观的追求，对功能也有实实在在的影响），在设计尤其最后检讨时，务必想象和模拟一下拆装过程，否则容易出现构件干涉或安装不了的问题。如图 5-23 所示，类似这种整体式箱体，要特别注意模拟凸轮及轴的安装可行性。如图 5-24 所示，前面方孔管住终压件（推杆），则其固定宜采用卡扣活动连接方式，类似气缸和滑块连接，如果采用螺钉固定则容易"憋死"。如图 5-25 所示，常更换调整的零件最好是开放式布局，并注意紧固的方向。

图 5-23   整体式箱体的零件要注意安装可行性

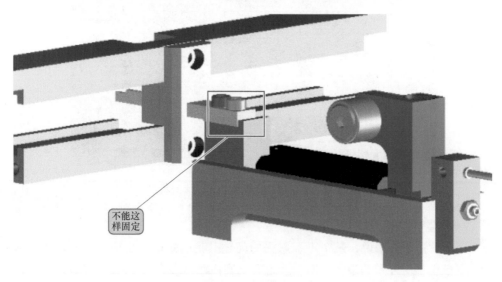

图 5-24   避免零件过定位

3. 调试便利性的问题

凸轮机构最大的好处就是稳定、高速、寿命长，但是不代表日常的维护保养可以不做，有时不可避免地需要做异常处理或工艺调试的工作，所以也要特别讲究调试维护工作的便利性。比如当更换备件或调试空间不足时，机头一般按移动

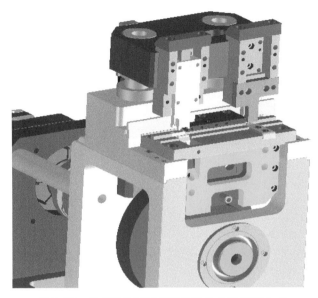

图 5-25　考虑零件更换便利性的结构和紧固方式

卡位的方式设计（卡扣要足够稳固，可在侧边，可在背后，只要确保操作便利就好），正常作业时卡位机构锁紧，调试时打开卡位，将机头往后拉以腾出前方更多的调试、维护空间，如图 5-26 所示。

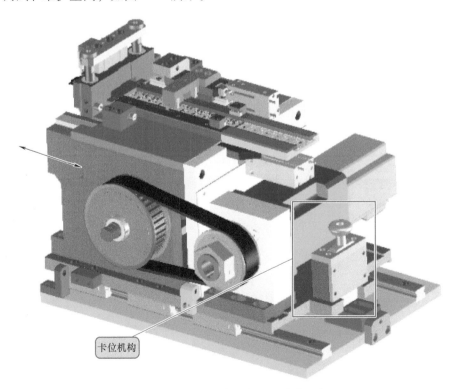

卡位机构

图 5-26　按移动卡位方式设计的机头

5.3　轴的设计原则与建议

轴是用来支承传动零件并传递运动和动力的构件。关于轴的设计，有不少理论内容，在一般教材上的讲解很细致，这里以实战为前提，强调些基本常识、原则与建议。

5.3.1　轴的分类与轴段定义

轴的分类如图 5-27 所示（注：既受弯矩又受转矩的为转轴，如图 5-28 所示，只受转矩的为传动轴，只受弯矩的为心轴），其中按轴线形状分的直轴用得较多，各轴段的作用和定义不同，如图 5-29 所示。轴颈：轴和轴承的配合段，直径应符合轴承内径标准；轴头：轴上安装轮毂的部分，直径应与相配零件（如联轴器、齿轮、带轮等）的轮毂内径一致；轴肩：截面尺寸变化处；轴身：连接轴头和轴颈的轴段，非配合部分；轴环：直径最大，用于定位的轴段。

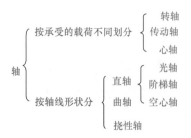

图 5-27　轴的分类

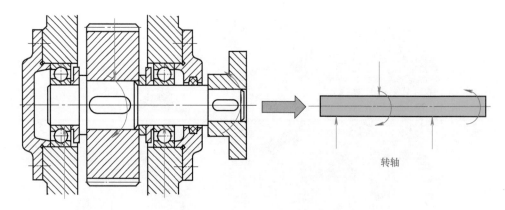

图 5-28　转轴（既受弯矩又受转矩）

5.3.2　轴的最小直径尺寸粗略预估

在设计轴及其相关零部件时，常常需要暂定轴的最小直径，有以下两种方法。

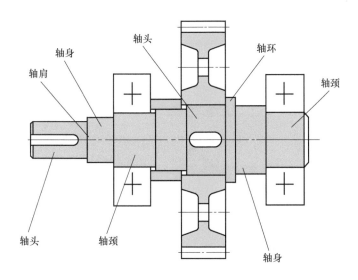

图 5-29　阶梯轴的各轴段

1. 理论校核法

对于传递转矩或以转矩为主的传动轴，或者对于弯矩尚不能确定的转轴，假设轴传递动力为 p（单位为 kW），转速为 n（单位为 r/min），对于直径为 d（单位为 mm）的圆截面实心传动轴，其抗扭强度为

$$\tau = \frac{T}{W_p} = \frac{9.55 \times 10^6 \dfrac{P}{n}}{0.2d^3} \leqslant [\tau]$$

式中，T 为传递转矩（N·m）；W_p 为抗扭截面系数；$[\tau]$ 为材料抗扭强度（MPa）。

因此预估直径为

$$d \geqslant \sqrt[3]{\frac{9.55 \times 10^6 P}{0.2[\tau]n}} = C\sqrt[3]{\frac{P}{n}}$$

其中 C 值可查询相关手册获得，见表 5-1。求出的直径值，需圆整成标准直径，并作为轴的最小直径。如轴上有一个键槽，可将值增大 3% ~ 5%，如有两个键槽可增大 7% ~ 10%，再圆整为标准直径。

表 5-1　轴常用几种材料的 C 值

轴的材料	Q235	1Cr18Ni9Ti	35	45
$[\tau]$/MPa	12 ~ 20	12 ~ 25	20 ~ 30	30 ~ 40
C	160 ~ 135	148 ~ 125	135 ~ 118	118 ~ 107

注：1Cr18Ni9Ti 为在用非标牌号。

2. 经验类比法

假设输入动力（注：不一定是电动机，也可能需要传动换算）轴的直径为 D，

则轴的最小直径 $d = (0.8 \sim 1.2)D$，如图 5-30 和图 5-31 所示。假设同级齿轮传动中心距为 a，则各级低速轴直径 $d = (0.3 \sim 0.4)a$。

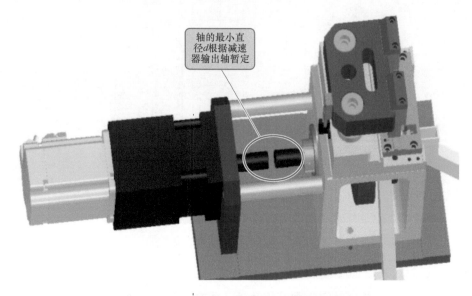

轴的最小直径 d 根据减速器输出轴暂定

图 5-30　根据减速器输出轴径预估凸轮轴的最小直径

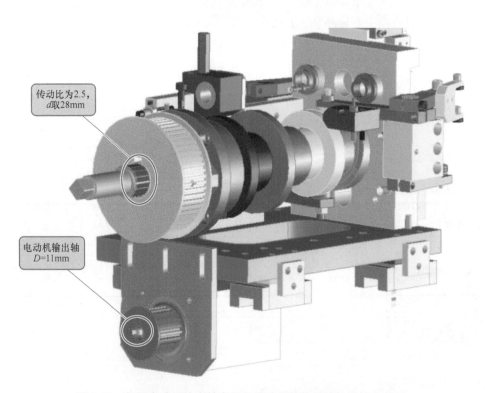

传动比为 2.5，d 取 28mm

电动机输出轴 $D = 11$mm

图 5-31　根据电动机输出轴直径和传动比预估凸轮轴的最小直径

5.3.3　轴系零部件的设计步骤

1. 确定轴上零件的装配方案（装配方向、顺序和相互关系）

以轴最大直径处的轴环为界限，轴上零件分别从两端装入。按安装顺序即可形成各轴段粗细和结构形式的布置方案，应确保零件便于拆卸和调整，且尽量减少装配长度。

（1）布局模式（与滚珠丝杠的布局模式类似，参考《自动化机构设计工程师速成宝典实战篇》第 267 页）　轴向跨距较长，无轴向力，选择一端双向固定结构，另一端单向固定结构（可浮动），如图 5-32 所示。轴向跨距较小，无轴向力，选择两端单向固定结构，如图 5-33 所示。常用的布局模式是"固定-铰支"和"固定-固定"，还有"固定-自由"（略）。

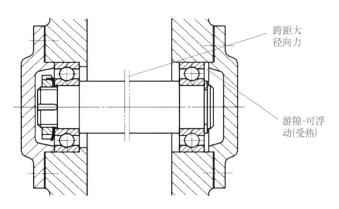

跨距大
径向力

游隙-可浮
动(受热)

图 5-32　轴的固定-铰支布局模式

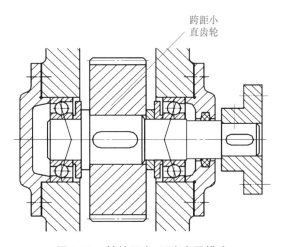

跨距小
直齿轮

图 5-33　轴的固定-固定布局模式

（2）改进轴上零件的布置方案　轴系零部件的布局比较灵活，应选择减小轴载荷的布置方案。比如当动力需要两个轮输出时，为了减小轴上的转矩，如图 5-34

所示，尽量将输入轮布置在中间，当输入转矩为 $T_1 + T_2$ 时，此时图 5-34a 的轴上最大转矩为 T_1，而图 5-34b 的轴上的最大转矩为 $T_1 + T_2$。

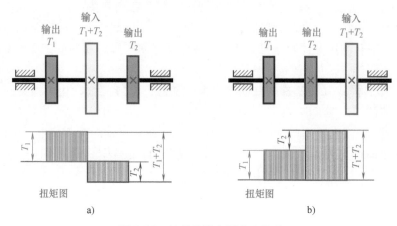

图 5-34   轴载荷的布置方案比较

2. 确定轴上零件的定位方式（轴与轴上的零件应有准确的工作位置）

（1）轴向定位   一般来说，主要考虑零件所受轴向力的大小，轴的制造工艺，轴上零件装拆的难易程度，对轴强度的影响，以及工作可靠性等因素。

1）轴肩/轴环。非定位要求的轴肩/轴环高度无严格要求，一般可取 $h = 1.5 \sim 2\text{mm}$。一般的轴肩尺寸建议见表 5-2，轴环宽度 $b \geqslant 1.4h$（注：如果是与滚动轴承之类标准件配合的轴肩/轴环，相关尺寸请查阅《机械设计手册》）。

表 5-2   轴肩/轴环尺寸建议

项　　目	尺　　寸								
d/mm	$0 \sim 3$	$3 \sim 6$	$6 \sim 10$	$10 \sim 18$	$18 \sim 30$	$30 \sim 50$	$50 \sim 80$	$80 \sim 120$	$120 \sim 180$
R/mm	0.2	0.4	0.6	0.8	1.0	1.6	2.0	2.5	3.0
h/mm	$(2 \sim 3)R$（建议按优先数调整）								
b/mm	$1.4h$（建议按优先数调整）								

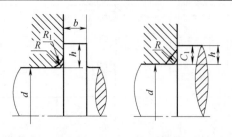

2）套筒。套筒是借助位置已经确定的零件来定位的，其两个端面为定位面，应具有极高的平行度和垂直度。套筒适用于轴上两个相距较近零件之间的定位，不宜过长，且不应该用在高速旋转的工况下，如图 5-35 所示，套筒的长度应使轴

段长度比零件毂长短 2~3mm。

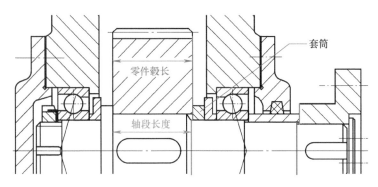

图 5-35 套筒的长度应使轴段长度比零件毂长短 2~3mm

3）固定环（如图 5-36 所示）。

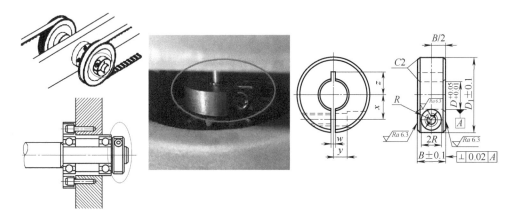

图 5-36 轴的固定环定位方式

4）涨紧套（兼有径向定位功能，如图 5-37 所示）。

5）精密锁紧螺母。当轴上两个零件距离较大且允许在轴上切制螺纹时，可使用精密锁紧螺母的端面压紧定位零件端面来固定，如图 5-38 所示。（注：为减少轴强度的削弱和增强防松能力，精密锁紧螺母一般为细牙螺纹。）

6）挡圈/挡板。轴向载荷较大时，需校核固定挡圈/挡板的螺钉强度，如图 5-39 所示。

7）紧定螺钉（轴向力较小的场合，如图 5-40 所示）。

（2）径向定位（传递转矩，防止轴与零件相对转动）考虑传递转矩的大小和性质，零件对中精度的高低，加工难易等因素。一般来说，非配合的轴身直径，可不取标准尺寸，但一般应取成整数；与轴上传动零件配合的轴头直径，应尽可能圆整成标准直径尺寸系列值；轴上螺纹部分必须是标准螺纹；与轴承配合的轴颈，其直径必须符合滚动轴承内径的标准。

1）键/销固定。键槽宽应统一，并在同一条加工直线上，键槽两端应与台阶

注：1.轴孔结构推荐配合参见c）。

2.毂的长度不应该小于$2L_2$。

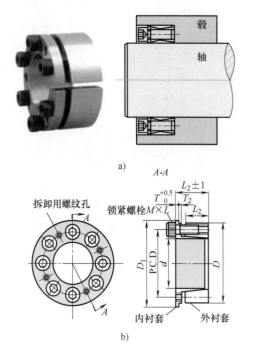

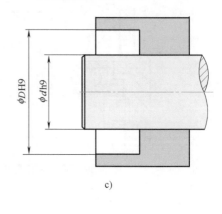

图 5-37 轴的涨紧套定位方式

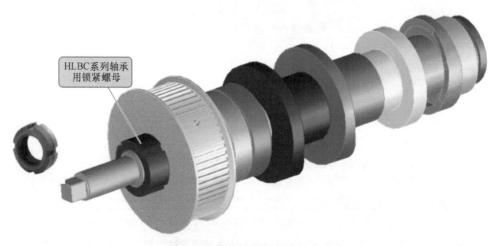

图 5-38 轴的锁紧螺母定位方式

之间留有必要的距离（5mm 左右），如图 5-41 所示。

2）紧定螺钉（传动力不大的场合，如图 5-42 所示）。

3）固定环（如图 5-43 所示）。

4）过盈配合（略）。

3. 选择材料，确定各轴段的直径

（1）轴的材料选用　大多数的凸轮机构采用 S45C 钢（表面高频淬火），如果轴径和长度尺寸不大，也有直接采用硬材（SKD11）的情形，其他常用的材料见表 5-3。

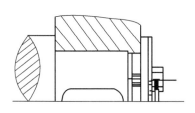

图 5-39　轴的挡圈/挡板定位方式

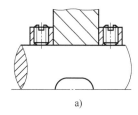
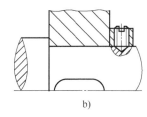
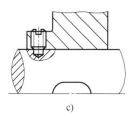

a)　　　　　　　　　　　b)　　　　　　　　　　　c)

图 5-40　轴的紧定螺钉定位方式

a）平端紧定螺钉　　b）锥端紧定螺钉　　c）圆柱端紧定螺钉

图 5-41　轴的键槽开设方式

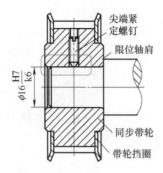

螺纹规格/mm	试验紧定螺钉的最小长度/mm				保证扭矩/N·m
	平端	凹端	锥端	圆柱端	
M3	4	5	5	6	0.9
M4	5	6	6	8	2.5
M5	5	6	8	8	5
M6	8	8	8	10	8.5
M8	10	10	10	12	20
M10	12	12	12	16	40
M12	16	16	16	20	65

仅供参考

图 5-42　轴的紧定螺钉定位方式

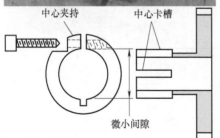

图 5-43　轴的固定环定位方式

表 5-3　轴的常用材料

材料牌号	热处理工艺	毛坯直径 /mm	硬度 HBS	抗拉强度 R_m (MPa)	屈服强度 R_e (MPa)	抗弯强度 σ_{bb} (MPa)	抗剪强度 τ_b (MPa)	许用弯曲应力 $[\sigma_{bb}]$ (MPa)	备　注
Q235A	热轧或锻后空冷	≤100	—	400~420	225	170	105	40	用于不太重要及受载荷不大的轴
		>100~250	—	375~390	215				
45	正火	≤100	170~217	590	295	255	140	55	应用最广泛
	正火	>100~300	162~217	570	285	245	135		
	调质	≤200	217~255	640	355	275	155	60	
40Cr	调质	≤100	241~286	735	540	355	200	70	用于载荷较大，而无很大冲击的重要轴
	调质	>100~300	241~286	685	490	335	185		
40CrNi	调质	≤100	270~300	900	735	430	260	75	用于很重要的轴
	调质	>100~300	240~270	785	570	370	210		
38SiMnMo	调质	≤100	229~286	735	590	365	210	70	用于重要的轴，性能近似于 40CrNi
	调质	>100~300	217~269	685	540	345	195		
38CrMoAlA	调质	≤60	293~321	930	785	440	280	75	用于要求高耐磨性、高强度且热处理（氮化）变形很小的轴
	调质	>60~100	277~302	835	685	410	270		
	调质	>100~160	241~277	785	590	375	220		
20Cr	渗碳淬火回火	≤60	渗碳 56~62 HRC	640	390	305	160	60	用于要求强度及韧性均较高的轴
30Cr13	调质	≤100	≥241	835	635	395	230	75	用于腐蚀条件下的轴
1Cr18Ni9Ti	淬火	≤100	≤192	530	195	190	115	45	用于高温、低温及腐蚀条件下的轴
	淬火	>100~200		490		180	110		
QT600-3	—	—	190~270	600	370	215	185		用于制造复杂外形的轴
QT800-2	—	—	245~335	800	480	290	250		

注：1Cr18Ni9Ti 为在用非标牌号。

（2）各轴段的直径确定　如图 5-44 所示，一般将轴制成中间粗两端细的阶梯形，保证轴结构设计光滑过渡，尽可能采用在承载区域及附近减少应力集中的结构。与标准零件（如滚动轴承、联轴器、圆螺母等）配合处的轴段尺寸必须符合标准零件的尺寸系列。轴上相邻轴段的直径不应相差过大，在直径变化处，尽量用圆角过渡，圆角半径尽可能大。轴上与零件毂孔配合的轴段，在配合边缘会产生较大的应力集中，可以采取在轴或轮毂上开卸载槽以及加大配合部分的直径等措施进行改善。

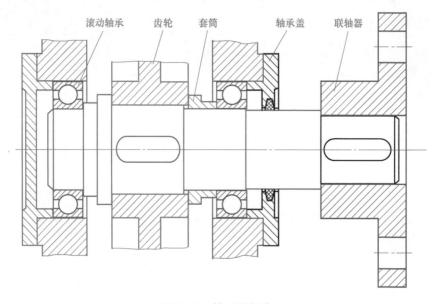

图 5-44　轴系零部件

4. 确定各轴段的长度

轴尽可能短，并使承载区域尽可能靠近外部载荷，这样可以降低轴的变形和弯曲力矩，提高轴的极限转速。轴身长度取决于轴上零件的宽度和零件固定的可靠性，轴颈的长度通常与轴承的宽度相同，轴头的长度取决于与其相配合的传动零件轮毂的宽度。

轴向定位：轴头长度 = 零件轮毂宽度 − (2 ~ 3) mm，轴身长度的确定应考虑轴上各零件的相互关系和拆装工艺要求（查《机械设计手册》）；轴环宽度一般取 $b = (0.1 ~ 0.15)d$ 或 $b = 1.4h$，并圆整。

5. 确定轴的结构细节（倒圆倒角、退刀槽、去应力槽、砂轮越程槽等，如图 5-45 所示）

轴的结构应尽量简单，有良好的加工和装配工艺性，以便利于减少劳动量，提高劳动生产率、减少应力集中及提高轴的疲劳强度。轴端倒角尺寸应一致，各轴段圆角半径应相同。加大轴肩处的过渡圆角半径和减小轴肩高度，就可以减少应力集中，从而提高轴的疲劳强度。与传动零件过盈配合的轴段应设有 10°

左右的导向锥面，为了去掉毛刺，便于装配，轴端应制出 45°倒角，如图 5-46 所示。

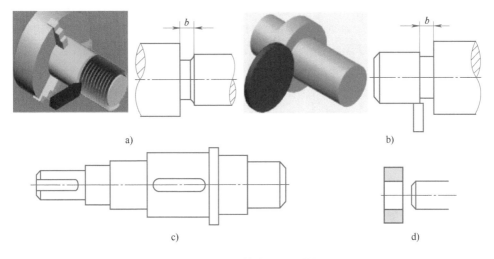

a)　　　　　　　　　　　　　　　　　　b)

c)　　　　　　　　　　　　　　　　　　d)

图 5-45　考虑轴的加工工艺性

a）螺纹退刀槽　b）砂轮越程槽　c）键槽设置在同一方位母线上　d）轴端加工 45°倒角

当采用过盈配合连接时，配合轴段的零件装入端常加工成导向锥面。若还附加键连接，则键槽的长度应延长到锥面处，便于轮毂上键槽与键对中。如果需从轴的一端装入两个过盈配合的零件，则轴上两配合轴段的直径不应相等，否则第一个零件压入后，会把第二个零件

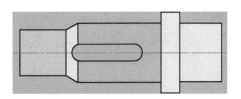

图 5-46　考虑零件过盈配合安装的轴结构

配合的表面拉毛，影响配合。尽量避免在轴上开横孔、切口或凹槽。

6. 确定轴的加工精度、尺寸、形位配合、公差、表面粗糙度及其他技术要求（略）

7. 工作能力校核（略）

在设计轴结构后，轴的主要结构形状和尺寸、轴上零件的位置、外载荷和支反力的作用位置均已确定。同时考虑弯、扭，按强度理论进行合成，对轴的危险截面（即弯矩、扭矩大的截面）进行强度校核。一般的轴用此方法已足够可靠。若轴受载荷作用引起的强迫振动频率与轴的固有频率相同或接近时，将产生共振现象，以至于轴或轴上零件乃至整个机器遭到破坏。发生共振时轴的转速称为临界转速。因此，对于重要的轴，尤其是高速轴或受周期性外载作用的轴，都必须计算其临界转速，并使轴的工作转速避开临界转速。

按扭转强度计算——只需知道转矩大小，方法简便，但计算精度低。

8. 绘制轴零件图（略）

5.4　配套动力电动机的选型计算

凸轮机构的配套动力也是重要的设计内容，但由于凸轮机构的工况和构件布局十分复杂，寄希望于通过精确计算、推导获得动力电动机的选型结果，对多数理论基础薄弱的设计人员来说不太切合实际，但也不是说无从下手。下面以一个压深工艺凸轮机构案例（见图 5-47）展开，与大家探讨下实际我们可以怎么做。

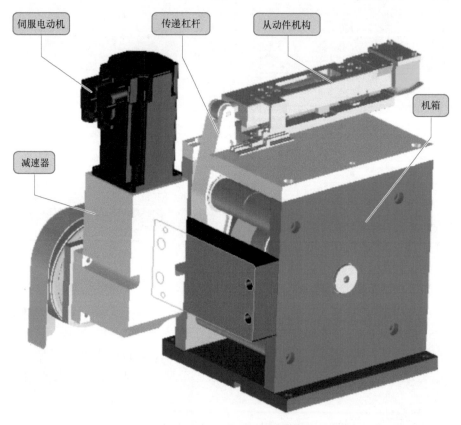

伺服电动机　　传递杠杆　　从动件机构

机箱

减速器

图 5-47　压深工艺凸轮机构

首先我们根据《自动化机构设计工程师速成宝典——实战篇》定性地选择伺服电动机，然后按部就班地进行粗略的计算校核，定量求出电动机的功率。由于机构转速 n 是我们的设计预期（相当于已知），根据功率 $P = Tn/9550$（注：P 的单位是 kW、n 的单位是 r/min、T 的单位是 N·m），因此只需确认机构所需的转矩 T 有多大。如图 5-48 所示，要求得机构所需的转矩 T，对于转动物体，转矩 $T_2 =$ 转动惯量 $J \times$ 角加速度 α；对于受力物体，扭矩/转矩 $T_1 =$ 力 $F \times$ 力臂 L。转台/转盘的转动惯量 $J = mr^2/2$，角加速度 $\alpha = \Delta\omega/\Delta t$，受力方面有惯性力 F_1 和静态力 F_2 ……一层一层地逆向往下推，直到触及已知条件或已知量，即可回头计算。

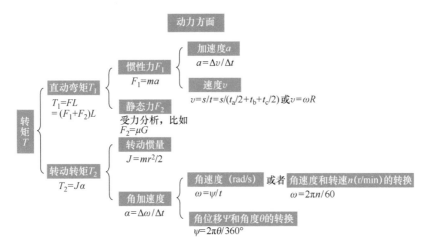

$$
转矩\ T
\begin{cases}
直动弯矩 T_1 \\
\quad T_1 = FL \\
\quad = (F_1 + F_2)L
\begin{cases}
惯性力 F_1 \\
\quad F_1 = ma
\begin{cases}
加速度\ a \\
\quad a = \Delta v / \Delta t \\
速度\ v \\
\quad v = s/t = s/(t_a/2 + t_b + t_c/2)\ 或\ v = \omega R
\end{cases} \\[2mm]
静态力 F_2 \\
\quad 受力分析，比如 \\
\quad F_2 = \mu G
\end{cases} \\[6mm]
转动转矩 T_2 \\
\quad T_2 = J\alpha
\begin{cases}
转动惯量 \\
\quad J = mr^2/2 \\[2mm]
角加速度 \\
\quad \alpha = \Delta \omega / \Delta t
\begin{cases}
角速度（rad/s）\ 或者\ 角速度和转速 n(\text{r/min})\ 的转换 \\
\quad \omega = \psi / t \qquad\qquad\qquad \omega = 2\pi n / 60 \\
角位移\ \Psi\ 和角度\ \theta\ 的转换 \\
\quad \psi = 2\pi\theta / 360°
\end{cases}
\end{cases}
\end{cases}
$$

图 5-48　转矩 T 的计算思路

1. 从动力输入轴开始分析"动的部件"，抓重点即可

如图 5-49 所示，电动机经由减速器输出轴后的转矩 T，主要用于驱动带轮、凸轮（如有多片就叠加动力）、轴系件等部件运动，为了减少运算量，忽略带的运动、轴承转动、部件摩擦等动力损耗，而以适当增大安全系数来弥补。

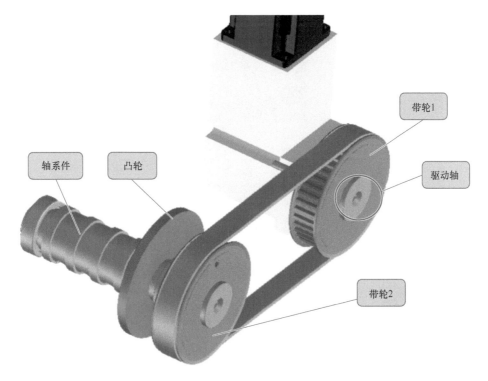

图 5-49　动力消耗分析抓住"动的部件"（一）

假定带轮设计转速 $n = 120\mathrm{r/min}$，则角速度 $\omega = 2\pi n/60 = 2\pi \times 120/60 = 12.56\mathrm{rad/s}$，赋予伺服电动机加减速时间 50ms，则角加速度 $\alpha = \omega/t = 12.56/0.05 = 251.2\mathrm{rad/s^2}$。带轮 1 和带轮 2 的质量一样为 $m_1 = m_2 = 1.5\mathrm{kg}$，半径 $r_1 = 0.07\mathrm{m}$，转动惯量 $J_1 = 2m_1r^2/2 = 1.5 \times 0.07^2 = 0.0074\mathrm{kg \cdot m^2}$，消耗转矩 $T_1 = 0.0074 \times 251.2 = 1.86\mathrm{N \cdot m}$。轴系（套筒等）可视为一个"粗轴"，其质量 $m_3 = 4\mathrm{kg}$，半径 $r_2 = 0.03\mathrm{m}$，转动惯量 $J_2 = 4 \times 0.03^2/2 = 0.002\mathrm{kg \cdot m^2}$，消耗转矩 $T_2 = 0.5\mathrm{N \cdot m}$。凸轮质量 $m_4 = 1\mathrm{kg}$，最大半径 $r_3 = 0.080\mathrm{m}$，转动惯量 $J_3 = 1 \times 0.08^2/2 = 0.0032\mathrm{kg \cdot m^2}$，消耗转矩 $T_3 = 0.0032 \times 251.2 = 0.80\mathrm{N \cdot m}$。以上一共消耗转矩 $T' = T_1 + T_2 + T_3 = 1.86 + 0.5 + 0.80 = 3.16\mathrm{N \cdot m}$。

2. 分析从动件尤其是工作端的工作载荷需求

连接工作端的从动件固定在线性滑轨上，一端连接凸轮杠杆的随动器，一端则为工作端（完成产品的压深工艺），如图 5-50 所示。我们取从动件 m（质量约为 3kg）为对象进行受力分析，如图 5-51 所示，压深工艺的反力为 F'，由于该工艺实际需要的力比较小（忽略），阻力来自于压紧过程的弹簧力，查询到最大压缩量时 F' 大概为 90N。通过凸轮绘制软件的数据分析模块获得最大加速度 $a_{max} = 15.6\mathrm{m/s^2}$，连杆的推力为 F，忽略摩擦力（线性滑轨的摩擦系数较小），则根据牛顿第二定律

$$F = ma_{max} + F' = 3 \times 15.6 + 90 \approx 137\mathrm{N}$$

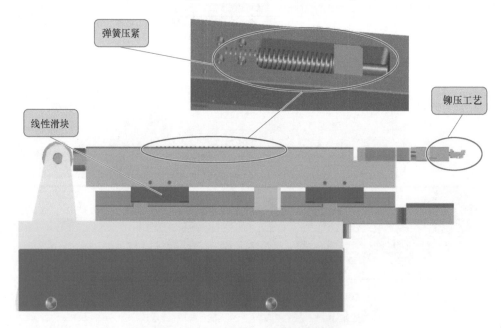

图 5-50　从动件（工作端）的工作状况（一）

如图 5-52 和图 5-53 所示，由于杠杆的传动比接近 1，我们可大致认为凸轮轮廓施加于杠杆另一端随动器的力 $F'' = F' = 137\mathrm{N}$，凸轮升程为 90°（相当于

1.57rad)，此过程杠杆摆动的角度约为10°（相当于0.174rad），杠杆到旋转中心的距离为0.09m，凸轮推动杠杆消耗的转矩为T''，根据能量守恒定律有$F'' \times 0.09 \times 0.175 = 137 \times 0.09 \times 0.175 = T'' \times 1.57$，则$T'' = 1.37$N·m。由于该机构在实际应用时可能会新增1~2片凸轮，预留转矩约为$3T''$即4.11N·m。

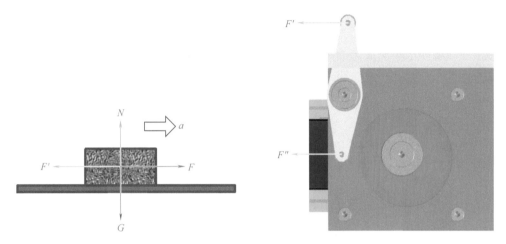

图5-51　从动件的受力（忽略摩擦力）　　　　图5-52　杠杆的受力示意图（一）

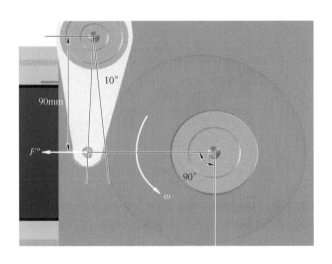

图5-53　杠杆的受力示意图（二）

3. 将各部分的动力消耗汇总（注意留有一定裕量）

取安全系数1.5，则该凸轮机构所需的驱动转矩$T = 1.5(T' + 3T'') = 1.5 \times (3.16 + 4.11) \approx 10.91$N·m。选用减速器的减速比为1:10，故所需电动机转矩为1.09N·m，则可以选用400W或以上的伺服电动机（比如松下的产品，额定转矩为1.2N·m）。根据上述的分析，我们也大致可以认为，一个凸轮机构所需的动力转矩，有相当一部分消耗在带轮之类的传动件上，如果在工艺本身载荷不大的情形下，则剩下的转矩消耗在从动件系统加减速上面。

为了增强广大设计新人读者对这块的感性认识，下面再举一个案例加以说明。如图 5-54 所示是一个电子产品的铆压裁切机构，如何粗略判定机构的动力（发动机）选型？和上一案例类似，由于机构转速 n 是我们的设计预期（相当于已知），根据功率 $P = Tn/9550$，需确认机构所需的转矩 T 有多大。如图 5-48 所示，要求得机构所需的转矩 T，对于转动物体求转矩（与转动惯量 $J \times$ 角加速度 α 有关），对于受力物体求转矩（与力 F 和力臂 L 有关）……一层一层地逆向往下推，直到触及已知条件或已知量，即可回头计算。

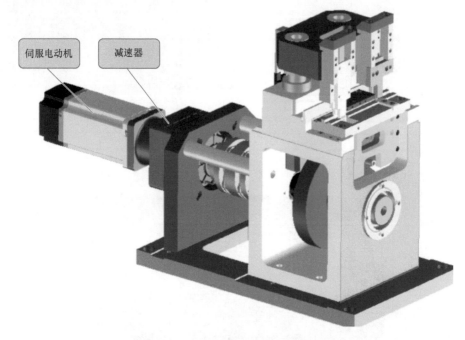

图 5-54   一个电子产品的铆压裁切机构

（1）从动力输入轴开始分析"动的部件"（抓重点即可）   如图 5-55 所示，电动机经由减速器输出轴后的转矩 T，主要用于联轴器、凸轮（两片）、凸轮轴、从动件系统等部件的转动和直动，为了减少运算量，忽略轴承转动、部件摩擦等动力损耗，而以适当增大安全系数来弥补。

假定机构设计预期为转速 $n = 120\text{r/min}$，则角速度 $\omega = 2\pi n/60 = 2\pi \times 120/60 = 12.56\text{rad/s}$，赋予伺服电动机加减速时间 50ms，则角加速度 $\alpha = \omega/t = 12.56/0.05 = 251.2\text{rad/s}^2$。联轴器 $m_1 = 0.5\text{kg}$，半径 $r_1 = 0.03\text{m}$，转动惯量 $J_1 = m_1 r^2/2 = 0.5 \times 0.03^2 \div 2 = 0.0002\text{kg} \cdot \text{m}^2$，消耗转矩 $T_1 = 0.0002 \times 251.2 = 0.05\text{N} \cdot \text{m}$。同理可求得轴消耗转矩 $T_2 = 0.07\text{N} \cdot \text{m}$，凸轮 1 和凸轮 2 消耗转矩 $T_3 = 0.9\text{N} \cdot \text{m}$，$T_4 = 0.7\text{N} \cdot \text{m}$。以上一共消耗转矩 $T' = T_1 + T_2 + T_3 + T_4 = 0.05 + 0.07 + 0.9 + 0.7 = 1.72\text{N} \cdot \text{m}$。

（2）分析从动件尤其是工作端的工作载荷需求   凸轮 1 通过随动器驱动从动

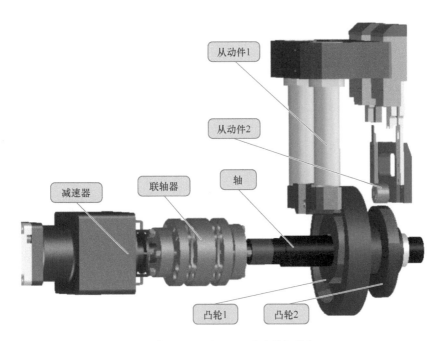

图 5-55　动力消耗分析抓住"动的部件"（二）

件系统 1（质量 m 约为 6kg）动作，往上和往下的受力分析（忽略导柱导套的摩擦阻力）如图 5-56 所示。假设从动件的运动加速度为 a，此值与具体的轮廓曲线、相位角、行程等有关，亦可通过粗略计算来获取。假设从动件 1 走过行程为 $s=8$mm，采用等加速度运动规律（参考图 2-8 和表 2-1，$V_m=2$，$A_m=4$，在升程中先加速 1/3 时间，再减速 2/3 时间），此过程凸轮升程角 $\phi=80°$（相当于 1.4rad，则运动时间为 $t_h=\phi/\omega=1.4/12.56=0.11$s）。则从动件速度 $v=s/t_h=0.008/0.11=0.07$m/s，加速段的加速度 $a=v/(t_h/3)=0.07/(0.11/3)=1.91$m/s^2，因此最大加速度 $a_{max}=4\times1.91=7.64$m/s^2。凸轮轮廓作用于从动件沿导柱方向的推力为 F，工艺作业反力 Q_w 约为 196N，忽略摩擦力，则根据牛顿第二定律，往上驱动时

$$F=ma_{max}+G=6\times7.64+6\times9.8\approx105\text{N}$$

往下驱动时，加速度会偏小，但我们仍然取 a_{max} 值，则

$$F=Q_w+ma_{max}-G=196+6\times7.64-6\times9.8\approx183\text{N}$$

凸轮 1 推动从动件 1 消耗转矩为 T''，根据能量守恒有 $Fs=183\times0.008=1.4T''$，则 $T''=1.05$N·m。同理可求得凸轮 2 推动从动件 2 消耗的转矩 $T'''=0.47$N·m。

（3）将各部分的动力消耗汇总（注意留有一定裕量）　由于导柱导套的摩擦阻力相对较大，取安全系数为 2，则该凸轮机构所需的驱动转矩 $T=2(T'+T''+T''')=2\times(1.72+1.01+0.47)=6.4$N·m。选用减速器的减速比为 1:9，故所需电动机转矩为 0.36N·m，则可以选用 200W 或以上的伺服电动机（比如松下的产品，额

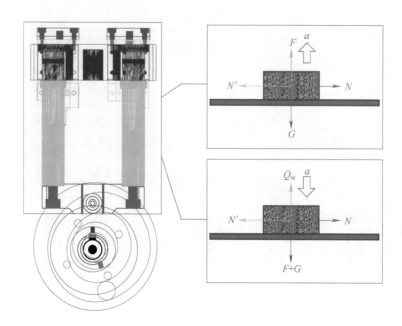

图 5-56　从动件（工作端）的工作状况（二）

定转矩为 0.64N・m）。考虑到机构的协调性、后续的拓展性及电动机的性价比，最终选择 400W 的伺服电动机。

 **小结**（见图 5-57）

　　本日关于构件设计方面的，内容已经讲解完毕，大家需牢牢抓住那些基本原则和设计思路。行业中的资源很丰富，读者可以参考几个做得比较好的机构，从中揣摩和确认其设计方法，大家多看看，结合我们上面提到的一些设计要点，多总结就会有收获。要精确描述机构的动力学行为，需要一定的理论推导和专业软件的辅助，如有限元分析、优化设计、MATLAB 软件等。但我们绝大多数人都不具备这样的条件，因此建议至少从定性的角度去设计高速凸轮机构。把握住高速机构的内在机理，在具体的机构布局和细节中，尽量体现这些设计原则和规律。打个比方，我们知道凸轮-从动件系统实际上是一个弹性构件系统，在高速状态下，惯性力剧增，构件会变形，从而导致振动、噪声、磨损等副作用……那么，我们自然而然地就会尽量减小构件的传递长度和数量（＝减少变形和误差），最理想的当然是从凸轮端直接就输出到工作端，而不是有多重传递。假设避不开传递问题，那么就需注意加强零件的刚度，减少零件的质量，压缩行程，优化升回程的相位（角度）……如果这些都做到位了，那么我们在设计上就会比毫不讲究的人要强很多，起码在深入讨论或理据剖析之前，别人很难从机构设计里找到有悖章法的地方。

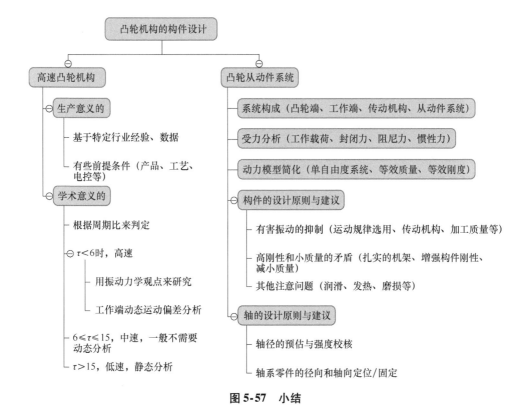

图 5-57　小结

 每日一测（不定项选择题）

1. 假设升程运动周期为 t，系统自由振动周期为 T，定义系统的周期比 $\tau = t/T$，则以下描述错误的是（　　）。

（A）周期比 τ 越大，意味着机构的动态响应误差越小

（B）从动件系统的质量 m 越小，周期比 τ 越大

（C）就算行程 h 加大，但曲线规律和凸轮转速 ω 没变，则周期比 τ 不变

（D）周期比 $\tau < 6$ 时，该凸轮机构应进行动态分析

2. 关于轴系零件的定位，以下说法正确的是（　　）。

（A）非定位要求的轴肩/轴环高度无严格要求，一般可取 $h = 1.5 \sim 2\mathrm{mm}$

（B）非配合的轴身直径，可不取标准尺寸，但一般应取成整数

（C）轴直径为 d，则轴环宽度一般取 $b = (0.1 \sim 0.15)d$ 并圆整

（D）键槽两端应与台阶之间留有必要的距离（5mm 左右）

3. 为了抑制余振对系统的后续工作循环中的动态响应的影响，需尽量（　　）。

（A）保证足够大的凸轮休止运动角

（B）减小凸轮休止运动角

（C）维持休止运动角不变

（D）以上说法均不正确

4. 以下可使从动杆得到较大行程的选项是（　　　）。

（A）盘形凸轮机构

（B）移动凸轮机构

（C）圆柱凸轮机构

（D）不太能够确定

5. 以下可以减小升程压力角的措施是（　　　）。

（A）增大基圆半径 r_b

（B）采用正偏距 e

（C）增大滚子半径 r_r

（D）减小凸轮实际轮廓的最小曲率半径

学习心得

第6日
凸轮机构的实战设计流程

从理论上来说，我们具备了前五日的基础，已经对凸轮机构的本质有了大概的认识，但在实战设计时，还需要具备一些接地气的基本认知（实战总结）。当然，这部分内容的经验成分占主导，更多是个人的一些理解，请广大读者酌情参考。

6.1 基本认知

1. 凸轮机构设计的重点在于凸轮之外的机构，不在于凸轮本身

同"工业机器人装备的集成设计，关键在于机器人之外的周边配套装置（如夹具、输送线、工艺机构等）"一个道理，凸轮机构设计的重点和难点其实并不在凸轮本身，而在于实施工艺的从动件系统及相关的传动链机构乃至机箱部分，会不会画凸轮其实并不能决定是否设计得了凸轮机构。换言之，即便是精通凸轮深度理论的"学究派"，也不一定能够完美地设计出某个行业某个工艺的凸轮机构，因为他可能不熟悉凸轮之外的机构长什么样子，也就无从下手，或者需要时间摸索、研发、试错。如图 6-1 所示，当我们设计出从动件系统时，其实就已经把该凸轮机构完成了一大半。反之，如果不知道这个摇断料带工艺怎么实现的话，也就进行不到凸轮设计的环节，是先有从动件系统再有"配套"凸轮的（甚至不一定用凸轮来实现）。

摇断料带机构　　　　　　从动件系统　　　　　　盘形凸轮

图 6-1　凸轮机构设计的重点：从动件系统

有上述基本认知后，我们在平时的学习中，固然需要兼顾理论，但应该更多地把重点放在"从动件系统怎么做"这个焦点上，多看看，多想想，而不是仅纠结于这个轮廓设计、那个曲线规律。换言之，从实战的角度看，当我们进入某一个行业时，多搜集和整理不同类型的凸轮机构加以学习（哪怕是囫囵吞枣式），其

效果比单纯研究凸轮深层机理这种方式要来得有用、高效，其原因在于前者能够掌握多种从动件系统设计。

2. 只有充分驾驭某个行业的产品、工艺、品质等，才可能设计出对应机构

如果我们不具备对某个行业的产品、工艺、品质等的深刻理解，基本上是设计不出凸轮机构的，如果能设计出来，肯定也是依葫芦画瓢的结果。即便是有某个行业凸轮机构设计经验的人员，在面对一个陌生的行业时，也跳脱不开这条准则。举个例子，原来做过一个纸箱包装的凸轮机构，理论和实践都有了，现在有一个客户要做一个连接器行业的插针机构，是不是就能轻松做出？未必。这是因为插针形式有很多种，而每一种也有很多机构形式可以实现，并且在动作、精度、速度、品质等方面的要求差别极大。

3. 深刻理解原理型机构和生产型机构的差异性

很多读者内心很矛盾，一方面觉得掌握的理论不太能融入、指导工作，另一方面又觉得纯实践摸索有点"瞎猫碰上死耗子"的感觉。其实这大可不必，判断一个机构是否需要理论支撑的依据主要有两个。一是看设备主体机构的组合与原理偏向传统（比如连杆机构）还是新型（比如气动机构），二是看机构的工况要求和性能指标的苛刻程度（比如热弯玻璃设备就不是随便"折腾"出来的，需要基于大量工艺数据和经验深度研发）。

此外，生产型设备虽然源于原理型设备但又有它的特殊性，也并不是什么场合都要讲理论的。举个例子，自动化设备上经常用到振动盘，如果从生产需要出发，我们只要提出要求，厂商就会给我们提供相应装置，我们无须去深刻了解"振动盘到底怎么回事"（了解了当然更好），就可以把它集成设计到设备中去。凸轮机构也有类似的情况，各行各业经过前人的研发摸索，也形成了很多经典实战模型。但不同的是，凸轮机构有一整套严谨科学的理论体系，如果没有很好地把"眼界"和"机理"融合到一起，在实际设计时要想做到恰到好处并不容易。因此，大部分生产型设备可能不太需要去挖掘深层次机理，但凸轮机构完全有必要花点精力去学习，起码要达到本书所描述的这种技术理解层次（不一定要懂公式推导计算，但要清楚合理的设计方向和原则）。

4. 建立并维护您的应用仓库

我在《自动化机构设计工程师速成宝典——入门篇》中提到过，设计人员应该建立自己的应用仓库，事实上对于凸轮机构设计也是一样的。比如连接器行业的插针工艺是很简单的，如图 6-2 所示。但其产品种类繁多，插针工艺形式多样，如图 6-3 所示，兼之装配精度和效率要求高，有时也是很伤脑筋的。使用凸轮机构虽然投资偏大，但在生产指标的发挥上占优势。凸轮设备普遍运行在 500r/min 以内，少数有 800～1200r/min，再快的情形也有，但极少（受机构之外的因素制约）。连接器行业常见的凸轮插针机构如图 6-4～图 6-22 所示。

如果连接器产品是有铁壳组件的，如图 6-23 所示，其装配工艺和机构又是怎样的呢？同样地，我们可以搜集到类似图 6-24 和图 6-25 所示的案例机构。组装

图 6-2　连接器行业的插针工艺

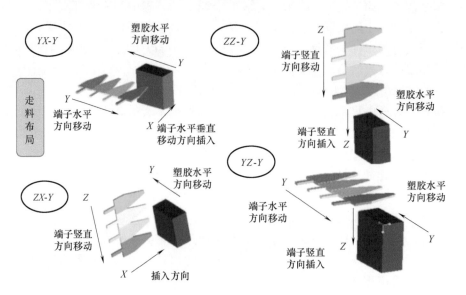

图 6-3　插针工艺的形式（根据物料走向）

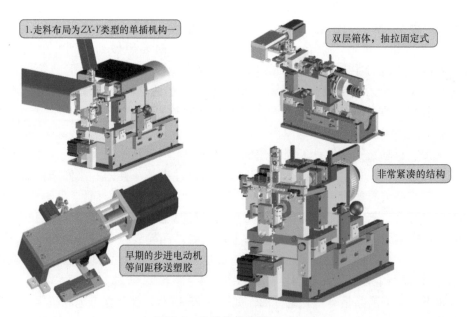

图 6-4　凸轮机构类型 A（一）

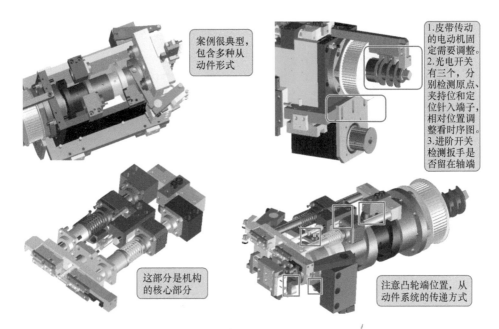

图 6-5　凸轮机构类型 A（二）

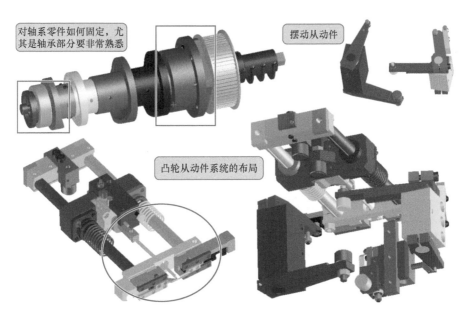

图 6-6　凸轮机构类型 A（三）

铁壳的凸轮机构，一般要求来料铁壳是由连续料带牵引的，和插针的工艺类似，即遵循"送-夹-切-插-张-退"工艺流程，当然，也有"送-夹-冲（散）-推（插）"之类的形式。要注意的是，如果是散的铁壳，用凸轮机构来作业，本身没有什么优势。此外，连续件物料在生产成本上会有所增加。所以我们看到散铁壳

2.走料布局为ZX-Y类型的单插机构二

同样是卧式凸轮，和图6-4不同，本凸轮轴在走料方向上，从动件的构件连接和传递有所不同，但核心部分动作（时序）都差不多

图 6-7　凸轮机构类型 B（一）

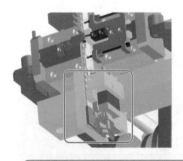

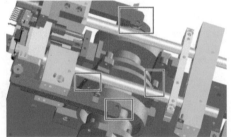

多数单插的机构，都是YX-Y走料，不同的凸轮布置模式，会影响空间布局，但无证据表明性能会有差异

图 6-8　凸轮机构类型 B（二）

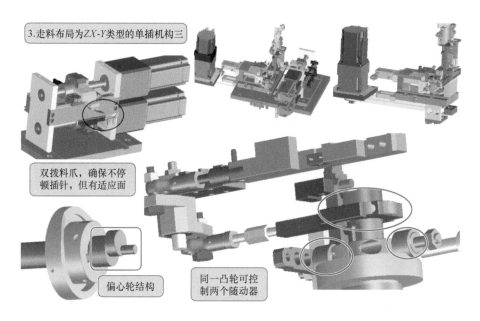

图6-9　凸轮机构类型 C

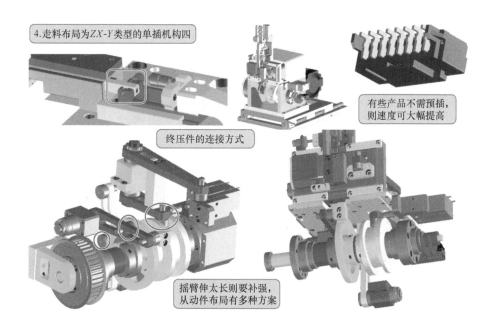

图6-10　凸轮机构类型 D

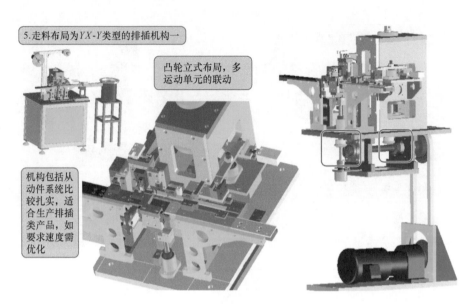

5.走料布局为YX-Y类型的排插机构一

凸轮立式布局,多运动单元的联动

机构包括从动件系统比较扎实,适合生产排插类产品,如要求速度需优化

图 6-11　凸轮机构类型 E（一）

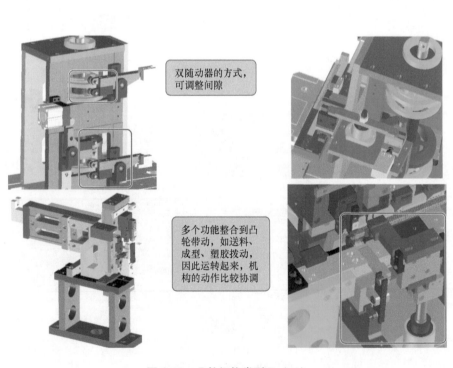

双随动器的方式,可调整间隙

多个功能整合到凸轮带动,如送料、成型、塑胶拨动,因此运转起来,机构的动作比较协调

图 6-12　凸轮机构类型 E（二）

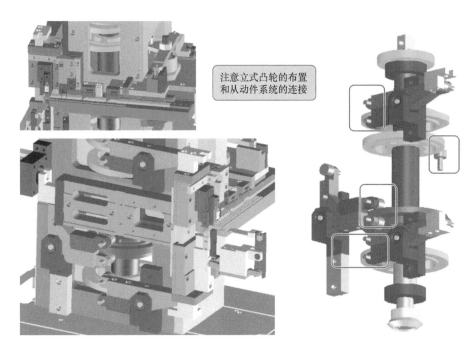

注意立式凸轮的布置和从动件系统的连接

图 6-13　凸轮机构类型 E（三）

6.走料布局为 *YX-Y* 类型的排插机构二

同样是排插，
这组是卧式
凸轮布局，
优势是横向
尺寸较小

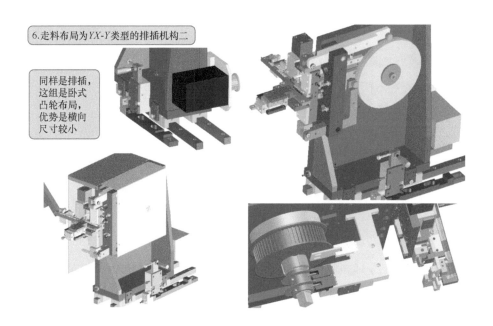

图 6-14　凸轮机构类型 F（一）

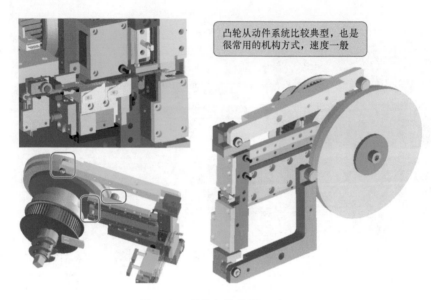

凸轮从动件系统比较典型，也是很常用的机构方式，速度一般

图 6-15　凸轮机构类型 F（二）

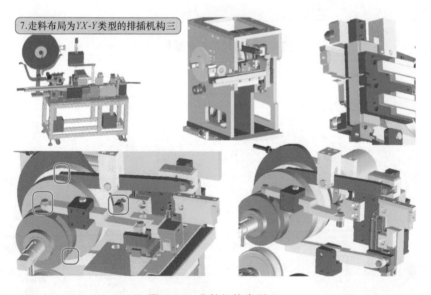

7.走料布局为 *YX-Y* 类型的排插机构三

图 6-16　凸轮机构类型 G

物料用得更多的是普通机构组装，因为企业不太会因为凸轮机构有技术优势而把产品生产工艺改成"高成本"模式，那样是舍本逐末。装铁壳的凸轮机构也没有高速作业的类型，不是机构做不到，而是产品装配工艺特性较差决定的。当我们踏入某个行业，类似这样分门别类的机构储备如果足够多，我们就能根据要求量身定制，在设计上减少构思时间和难度。

8.走料布局为*YX-Y*类型的排插机构四

同样是卧式凸轮布置，这组比较简化，但从动件系统并没变化，这是常见的方式

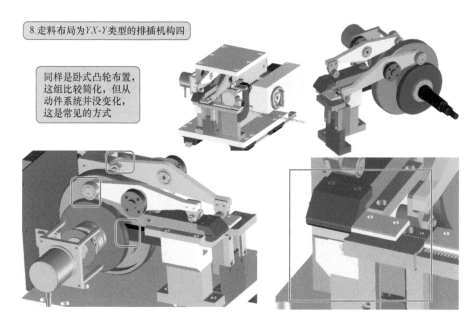

图 6-17　凸轮机构类型 H

9.走料布局为*YX-Y*类型的排插机构五

这组机构和图6-16有点类似，整个构件系统比较扎实

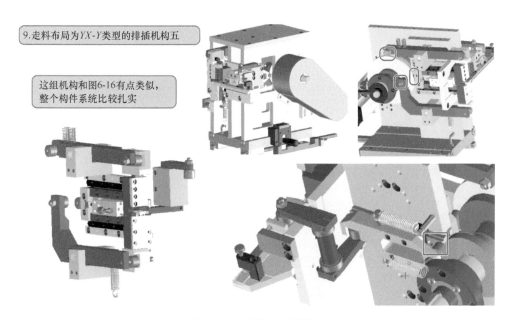

图 6-18　凸轮机构类型 I

10.走料布局为 *YX-Y* 类型的排插机构六

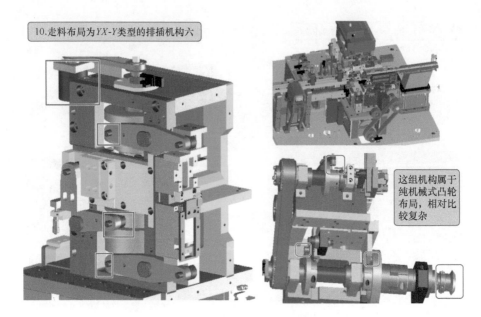

这组机构属于纯机械式凸轮布局，相对比较复杂

图 6-19　凸轮机构类型 J

11.走料布局为 *YZ-Y* 类型的排插机构

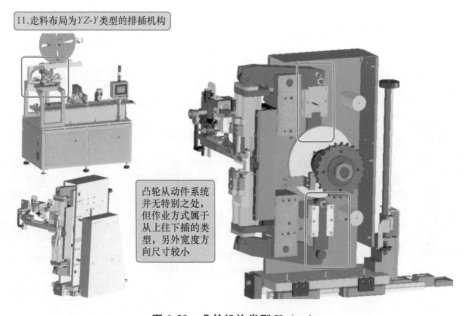

凸轮从动件系统并无特别之处，但作业方式属于从上往下插的类型，另外宽度方向尺寸较小

图 6-20　凸轮机构类型 K（一）

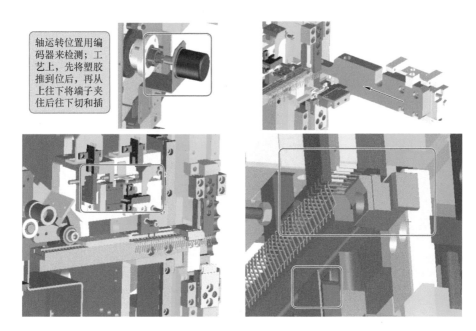

轴运转位置用编码器来检测；工艺上，先将塑胶推到位后，再从上往下将端子夹住后往下切和插

图6-21　凸轮机构类型 K（二）

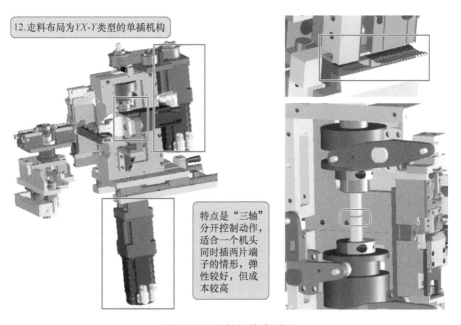

12.走料布局为 YX-Y 类型的单插机构

特点是"三轴"分开控制动作，适合一个机头同时插两片端子的情形，弹性较好，但成本较高

图6-22　凸轮机构类型 L

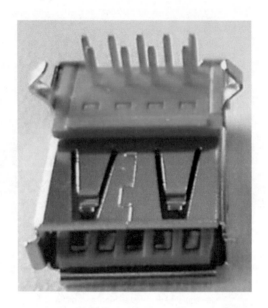

图 6-23　典型的连接器（组件包含端子、塑胶和铁壳）

13.插连续件的铁壳机构

一般铁壳的走向和插入方向相同，具体工艺上同样是夹-切-插，只是这类机构笨拙一些，速度不高，是装配工艺的问题

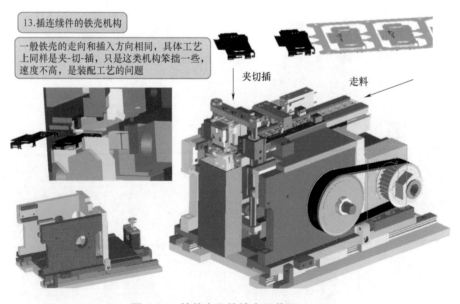

夹切插

走料

图 6-24　某款产品的铁壳组装机（一）

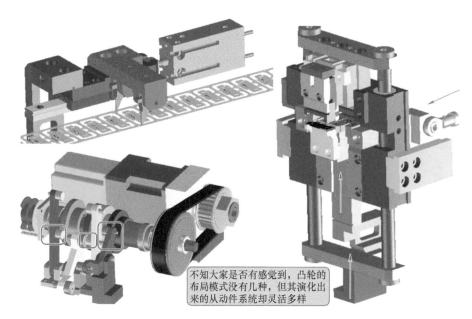

不知大家是否有感觉到，凸轮的布局模式没有几种，但其演化出来的从动件系统却灵活多样

图 6-25　某款产品的铁壳组装机（二）

6.2　实战流程

从设计本质以及工作性质出发，本节为大家介绍凸轮机构实战设计的基本流程。需要提醒广大读者的是，部分插图描述的机构，由于已经是成品（为节省时间，没有为了解说本书内容而从零开始重新绘制），不能完全反映当时的（机构或构件）状态，但作为流程解说的补充，请大家重点理解文字传递的建议，不必拘泥于图片哪个零件为什么"图文不合"之类的情形。此外，鉴于读者技术起点不一，资源储备有别，所以实际开展设计工作时，并不一定要按以下流程严格执行，有些步骤亦可直接跳过去。

1. 考虑是否采用凸轮机构

作为一种机构模式，凸轮在速度、精密度和稳定性上具有优势，但必须深度结合产品与工艺，否则效果会打折扣。比如装配散装物料，它的性能发挥就会受到抑制，有时还不如用普通气动机构来得直接、高效。所以，在实战设计前，我们首先要面临的一个问题是，这个设备的机构到底该采用哪种方式会更合理？非标机构的设计在很多时候并无标准答案，尤其是要不要用凸轮机构这个问题，有时扯不清楚，建议优先采取因地制宜原则（注：主导权不在自己的时候，职场上还是以公司、老板、主管的意见为主），如图 6-26 所示。

其次，从技术上看，非用凸轮机构不可的场合也不多（很多企业根本就没用到过这个机构形式），只是说某些场合用这个机构会更具优势。比如：用于插针工艺，如果速度要求很高，每分钟要几百上千次的，用凸轮机构显然是合理的；有些机构运动方案有曲线轨迹要求时，凸轮机构也是很好的选择；尺寸很小的产品

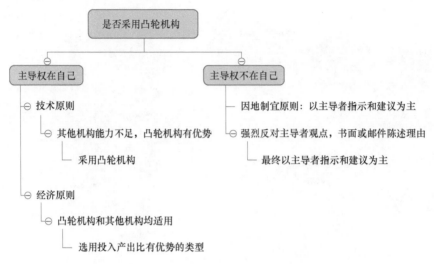

图 6-26　是否采用凸轮机构的选择思路

装配，采用凸轮机构更加精准、稳定、可靠。当我们熟悉了凸轮机构的特长，并且把握到工况设计要求的倾向时，自然会有一个相对客观的决策。当然，另一个实施能力层面也是要考虑的，凸轮机构相对普通机构有一定的"设计量"，很容易因为细节没处理好而把机构搞砸，如果没有能力或没有信心驾驭就不建议采用。

再次，从经济上看，同样的工艺实施条件，凸轮机构的投入成本会比普通机构高不少。但是各位读者也不要据此认为应选择投入成本低的，**因为此成本非彼成本**。假设一个普通机构投入 2 万元，作业周期是 2s，一个凸轮机构要投入 4 万元，但是能将周期压缩到 0.5s，那么由此带来的产能或效率提升也是要着重考虑的，采用凸轮机构可能是首选。换言之，企业并不会在乎多投入个三五万元，但非常关注装备能否带来生产效益的改善。

2. 寻找和匹配既有资源（行业有大量技术储备和设计素材）

我在《自动化机构设计工程师速成宝典——实战篇》中提到过非标机构设计的实战流程，事实上也适用于凸轮机构设计。评估了项目的基本信息，确定要执行，确定要用到凸轮机构（能解决什么问题？）了，那接下来就要寻找和匹配既有资源，这个工作如果放在平时，则将大大提升效率。比如我们进入到连接器行业（进入其他行业也是一样），首先就要做有心人，搜集和整理到类似本日上一节给大家分享的那些适用于不同场合的机构模型，建立起设计应用仓库，则 80% 以上的项目可能都不需要费时费力地重复设计了（注：不是说一定能拿来就用，而是说很多设计内容可以跳过或简化构思，并减少摸索和试错）。

那么，如果是一个设计新人，没有任何素材储备，要如何应对？我的建议是：

如果真的是"完全没概念"或者必须得从零开始的情况，那其"处女作"有很大概率失败（注：不是危言耸听，确实见过很多失败案例，有些甚至连抄都没抄好），因为凸轮机构不比普通机构那么简单、直接，必须慎之又慎。事实上您自己没有素材储备不等于这个行业没有（一般不太可能！），最好还是能够尝试着动用身边的人脉资源（同事也好朋友也罢）去要到相关的设计建议或参考资料，或者通过网络等渠道收集到类似的参考案例，脑海里至少要有机构雏形呈现，做到心中有谱再开始着手设计。退一步说，不要说设计新人，很多设计老手在遇到陌生或有难度的项目时，也都会四处打听求证，以确保能最快速、最可靠地完成项目设计，那么设计新人凭什么不采取行动？

可能本书作为一本培训教程类的书，我不应该给大家传递这样看似消极的从业观，但广大读者也应该反过来思考，如果这样去做可以达成任务，为什么非要选择一个难做或可能做不好的方式呢？如果您还有诸多疑虑，建议多阅读下《自动化机构设计工程师速成宝典入门篇》。核心思想只有一个：作为技术应用工程师，想得更多的应该是如何把设备做好，不局限于技术。如果还想不通这个道理，请回忆下当初在学校写毕业论文的时候，第一步要先干什么。或者想想为什么即便是航天飞机，也有第一代、第二代……第 N 代之分，一步到位不好吗？

3. 牢牢把握住产品生产工艺的重点和难点

对于一般的自动化设备，绝大部分场合我们都是利用凸轮机构来实现一些动作，需要精确运动轨迹的情形很少。譬如产品装配工艺，我们首先需要将产品展开成零件，规划装配次序和拆解有效动作，明确先干什么后做什么，并考虑每个动作的时间分配比例。举个例子，如图 6-27 所示是一个连接器产品的插针工艺过程，铜质端子连着料带，垂直方向送料，通过夹住、切断、插入的近乎标准的工艺，实现将端子插入到塑胶（注：对应产品称为连接器）的作业。做好类似这样的物料展开和装配规划后，接着可以绘制出大概的执行机构（工作端）构件草图，比如切刀、夹具、压块等，并模拟出一个大概的作业场景。如图 6-28 和图 6-29 所示，考虑点主要集中在各构件怎么设计、怎么动作，乃至具体的位移（s_1，s_2，s_3 等）和方向上，这些要点都应在这个环节给予评估、确认。

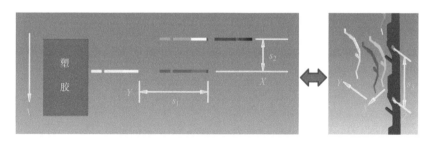

图 6-27　连接器产品的插针工艺过程

4. 根据空间占据和产品工艺选用细分的凸轮机构类型

我们仍然以连接器行业的插针机为例，从凸轮轴的布局来看，有卧式和立式两种，卧式又有横向和纵向两类（当然也有倾斜方向布局，极少，略过）。立式凸轮机构在前后左右的空间占据上有优势，但高度尺寸偏大；卧式凸轮机构中，横

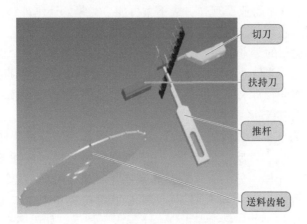

图 6-28 绘制执行机构

切刀

扶持刀

推杆

送料齿轮

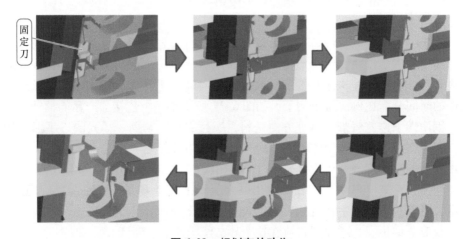

固定刀

图 6-29 规划有效动作

向布局形式在前后方向的尺寸有优势，左右方向比较费空间，纵向布局则正好相反。最后的机构空间尺寸，也与设计人员的机构处理能力及实际的产品结构、尺寸、工艺有关，如图 6-30 所示，布局相同，但尺寸差很多，左边的"大哥"是 $380\text{mm} \times 300\text{mm} \times 360\text{mm}$，右边的"小弟"是 $260\text{mm} \times 180\text{mm} \times 350\text{mm}$，原则上当然精致小巧的类型在外观上更有说服力。

一般来说，同一工作要求下，可以由多种不同类型的凸轮机构来实现，凸轮的形状和布局选型时基于以下原则：缩短凸轮端到工作端的距离，减少中间传动环节。

5. 设计从动件系统及其关联传动机构，并绘出时序图

假设我们采用的是横向卧式凸轮机构类型，那么我们需要在脑海里呈现如图 6-31 所示的布局规划草图（注：假设做不到则说明您对该行业比较陌生，就需要去了解、学习）。然后结合产品结构和生产工艺考虑，物料如何走向，切刀如何

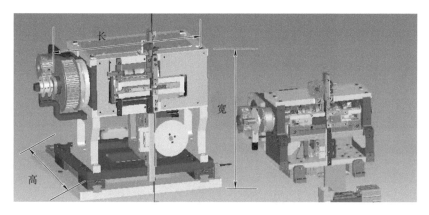

图 6-30　机构的空间占据

移动，用线轨还是滑槽滑块约束移动轨迹，切刀和凸轮之间是否需要传动，用杠杆还是摇臂，该用哪个类型的凸轮（注：最初的凸轮可以用一个空间尺寸协调的圆柱或圆盘代替）等。依次把各个凸轮的类型定下，把从动件系统的相关机构粗略地绘制出来，如图 6-32 所示。具体到某个凸轮用什么类型或怎么布置，是比较灵活的，如图 6-33 和图 6-34 所示，根据切刀从动件的运动要求和轴系布局方式，该凸轮可以采用圆柱凸轮，如果传动机构能实现我们要的从动件运动规律，也可以采用其他凸轮，至于实际采用什么凸轮，前几章学习的内容将发挥指引作用并给出答案。

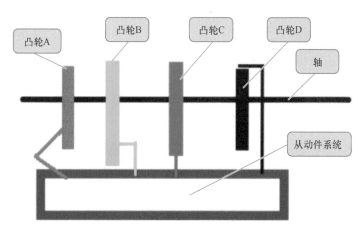

图 6-31　凸轮机构的布局规划草图

等构件的运动方案和尺寸设计大致定下来以后，就开始整理出时序图（见图 6-35）。在绘制时序图时，对于制造工艺的掌控需要到接近量化的程度，一定要想清楚、弄明白。如图 6-36 所示，该工艺有 6 个动作，其中 1 个独立（伺服电动机＋齿轮送料动作），其他 5 个集成在同一根凸轮轴上，左右预插凸轮保持动作一致。假定轴的键槽位置为原点 0°，则动作次序和作业周期规

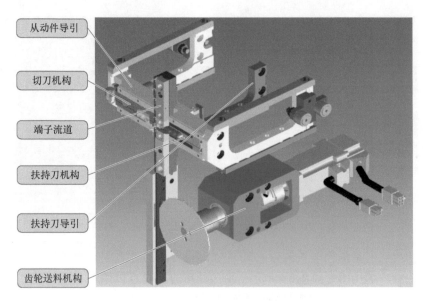

图 6-32　绘制从动件系统的相关机构

图 6-33　从动件系统和凸轮轴系的整合

划如下（注：这样的规划没有标准答案）：

（1）送料（端子）动作　分配角度 85°（根据整个周期调整，可大可小），由于原点允许有角度范围误差，如果不影响动作，也可以从 −10°（即 350°时）开始动作送料（注：意思是上个周期还没完成就提前送料了，用气缸送料则逻辑上不能提前），并在 75°时送料完毕。需要注意的是，由于送料采用独立的伺服电动机控制，在调整上是有优势的，所以角度分配是灵活的。

（2）扶持刀动作　在不影响工艺的前提下贯彻"提前原则"（不需要等物料送完），在 60°时扶持刀动作行进，在 100°时到达行程终点，然后和切刀一起

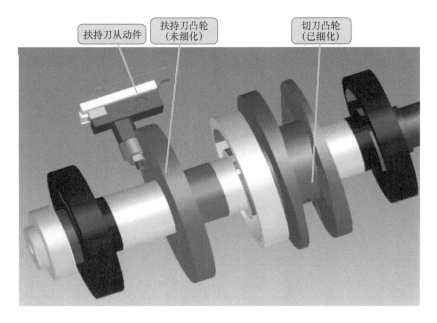

图 6-34　凸轮轴系构件的定位与固定设计

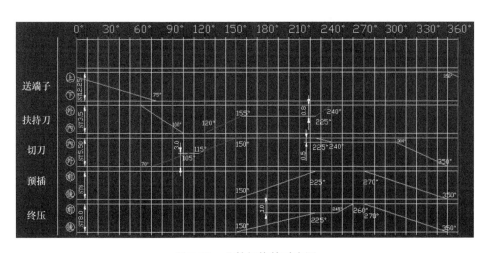

图 6-35　凸轮机构的时序图

往回走一段距离（120°～155°）并维持70°（155°～225°）左右的不动状态，在240°时回到原点。

（3）切刀动作　同样的在不影响工艺的前提下贯彻"提前原则"，不需要等扶持刀到位，在70°时开始动作行进，在105°（扶持刀已到位）时开始与扶持刀夹紧端子物料，留10°的延时，然后和扶持刀一起完成切断物料的动作，到150°时整组机构开始往前推进（即预插动作）。在225°预插到位后，扶持刀和切刀张开，然后各自退回。

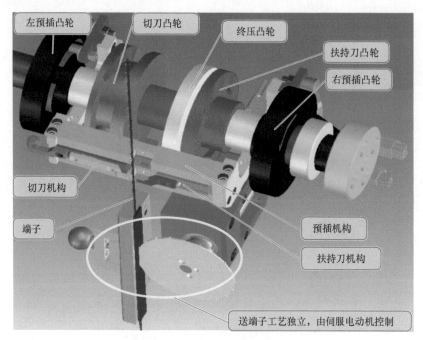

左预插凸轮　切刀凸轮　终压凸轮

扶持刀凸轮

右预插凸轮

切刀机构

端子

预插机构

扶持刀机构

送端子工艺独立，由伺服电动机控制

图 6-36　凸轮机构各从动件的动作规划

（4）预插动作　分析同上，略。

（5）终压动作　分析同上，略。

【特别提示】　由于行业的技术是不断更新换代的，所以传承下来的资料（类似时序图）对我们的学习和工作是很有参考意义的，在我们遇到类似的工艺动作并且作业要求没有更加严苛时，几乎可以直接套用或者说只需简单调整和优化一下。换言之，当我们跳过这样的经验（也许经过了多次检讨）直接去设计时，其实意味着低效率和高风险。因此提醒广大读者，工作上的很多资料，也是我们学习的重点内容。

6. 凸轮、轴系零件、传动机构、动力机构、辅助机构、机架等的设计

根据时序图绘制各个凸轮，并依据具体机构和我们之前学习的理论，对凸轮及从动件系统的相关构件进行细化（外形、尺寸、位置、连接等）绘制，最后成为如图 6-37～图 6-39 所示的机构。其中按照时序图及当时设计预订的凸轮形式来着手画凸轮时，如果觉得凸轮可以压缩尺寸或者需要增大尺寸，那么这时可以回头再修正下机构，但一般来说，有经验的设计者在前段机构设计时就会考虑得比较到位，到这一步基本不会有大的改动。

理论上讲，到了这个阶段，设计基本定型了，但机构的细化工作其实才刚刚开始，也比较考验设计人员的眼界、经验、绘图技能及专业基本功等。有时候您看到的一个现成的机构可能很简单，但是当你自己来绘制时感觉就不一样了，因为任何一个有价值的机构，多少体现了前辈或设计者的一些创意和经验，如果没有抓住可能就会出问题。如图 6-40 所示，当构件 2 受构件 1 约束时，需要设计成

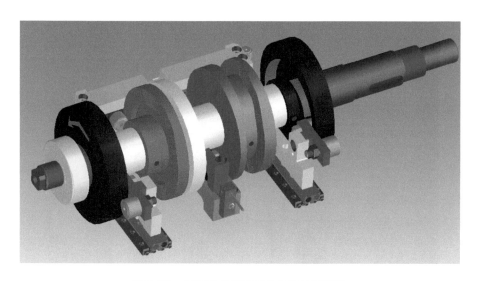

图 6-37　根据时序图绘制凸轮等轴系零件

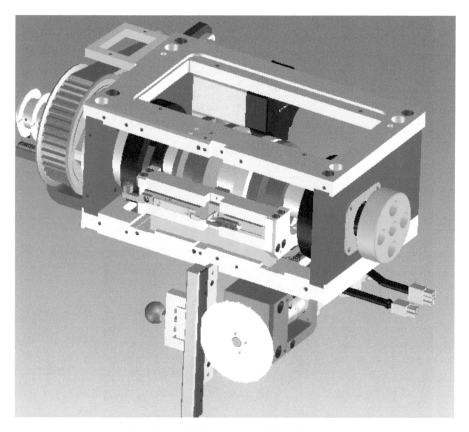

图 6-38　绘制传动机构、辅助机构、机架

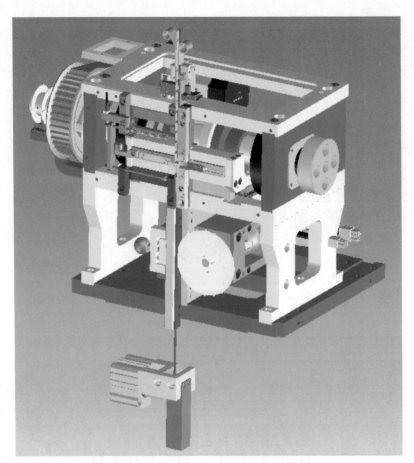

图 6-39　初步绘制好的凸轮机构

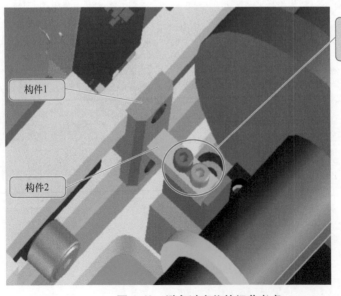

图 6-40　避免过定位的细节考虑

非刚性连接的结构（不可以用螺钉固定）；反之则可以用螺钉固定。如图 6-41 ~ 图 6-43 所示，都是一些有细节考虑的内容，如果我们没有类似这样的基本认识，一个是会降低设计效率，一个是可能影响机构品质。

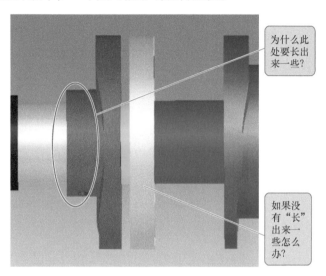

为什么此处要长出来一些？

如果没有"长"出来一些怎么办？

图 6-41　增强定位效果的轮毂设计

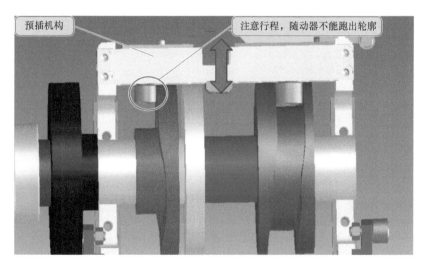

预插机构

注意行程，随动器不能跑出轮廓

图 6-42　动作模拟和功能确认

7. 动作模拟、构件确认和空间调整

比如检查一下在各凸轮的运转过程中构件之间有无干涉、"打架"现象；如果有个关键构件看起来比较单薄但又无法加强，可以先发包制作，回来再试验一下效果；确定所配的键和键槽是否符合国家标准；确定轴承的固定是否正确；确定标件的选型是否可靠；确定凸轮轴粗细是否有先例（没有的话是否需要校核）；如果凸轮机构和邻近的机构挨得太近（一般至少相距一个拳头大小的距离）是否能

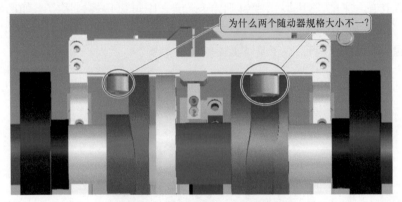

为什么两个随动器规格大小不一?

图 6-43　考虑不同受力的选型设计

挪一下或再压缩一下尺寸等。总之，务必进行最后的检查、校核、调整、优化，每一个错漏的纠正，每一个细节的讲究，都将直接或间接影响到项目开展的顺畅度和成功率。

　　8. 发包制作（略）

　小结（见图 6-44）

　　当我们有一定的行业积累时，本日所述流程中的大部分步骤可跳过，以提高

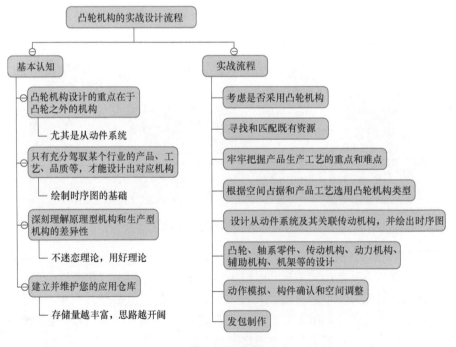

```
                        凸轮机构的实战设计流程
        ┌──────────────────────┴──────────────────────┐
     基本认知                                        实战流程

  凸轮机构设计的重点在于                         考虑是否采用凸轮机构
  凸轮之外的机构
       └─ 尤其是从动件系统                      寻找和匹配既有资源

  只有充分驾驭某个行业的产品、工                  牢牢把握产品生产工艺的重点和难点
  艺、品质等，才能设计出对应机构
       └─ 绘制时序图的基础                      根据空间占据和产品工艺选用凸轮机构类型

  深刻理解原理型机构和生产型                      设计从动件系统及其关联传动机构，并绘出时序图
  机构的差异性
       └─ 不迷恋理论，用好理论                  凸轮、轴系零件、传动机构、动力机构、
                                               辅助机构、机架等的设计
  建立并维护您的应用仓库
       └─ 存储量越丰富，思路越开阔             动作模拟、构件确认和空间调整

                                               发包制作
```

图 6-44　小结

工作效率。此外，设备制作出来后，应该根据运行状况进行检讨，从细节入手，持续改进，积累教训和经验。那些动辄 1000r/min、1500r/min 的凸轮机构，很少有一步设计到位的，中间也一定会耗费不少精力乃至遇到不少困难，一一化解、克服困难才有了比较好的结果。当然，如果我们面对一个陌生的项目（姑且认为没有任何技术参考），整个设计流程也大概如本日所述，请广大读者深刻体会、理解。

每日一测（问答题）

如果当下接到一个项目，需要设计一个凸轮机构，但是您之前没有经验，请谈谈你接下来实际工作中需要一一计划和落实的具体事项。

学习心得

第❼日
凸轮机构设计案例

经过了前期的学习，我们对凸轮机构的实战设计已经有了一些深层次的理解，接着需要找一些行业案例来学习、验证、强化，学习过程尊重规律、讲究方法，包括但不局限于以下几点：

1）这是什么产品，展开后组件和结构是怎样的，有什么样的制作过程和工艺？

2）为什么要采用凸轮机构，适用哪种凸轮从动件系统布局形式？

3）有没有参考的时序图（相当于经验传承），没有的话应该怎么绘制？

4）凸轮采用何种规律为好，有无压力角、曲率半径、滚子半径设置不合理的问题？

5）如何布置固定轴系零件？怎么缓解磨损和发热问题？

从凸轮机构设计学习的实战目标而言，其实本书的论述可以到此结束了。但是，工作和学习其实有很大差别，工作遇到的是具体项目，设计新人遇到的问题和困难往往不是怎么画凸轮，而是对项目的整体评估和细节处理。因此本日再介绍两个案例，着重阐述凸轮机构相关的设计思路和细节，请大家以点概面、举一反三。

同时强调一下，受限于纸质书的篇幅和描述功能，能够覆盖的案例数量极有限，也考虑到部分案例不适于公开传播（注：由于制造业公司普遍保守、相对封闭，本书案例又多来自工作积累，分享和传播的深度和广度确实不太容易拿捏得当，我也特别纠结，请广大读者理解），更多案例请读者通过图样分享网站或技术论坛等渠道查找、下载、自习。

7.1 某电子产品的终压裁切机构

如图 7-1 所示，需要设计一台设备的某一工作机构，完成如图 7-2 所示产品的端子压深到位和料带裁切工艺。我们依照实战流程，展开介绍该机构的构思和设计要点。

1. 考虑是否采用凸轮机构

依次考虑技术原则（产品尺寸为 $8mm \times 5mm \times 4mm$，较小且品质要求较高，有正位度和共面度要求，采用凸轮机构有一定优势）、因地制宜原则（公司无倾向性标准，自己可拿主意）、经济原则（所在公司为欧美企业，在设备投入方面的价格敏感度不高，更倾向于品质），该类机构设计在自己熟悉的范畴，综合分

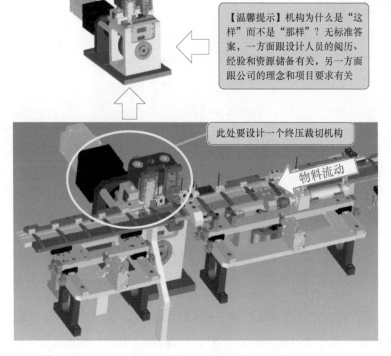

【温馨提示】机构为什么是"这样"而不是"那样"？无标准答案，一方面跟设计人员的阅历、经验和资源储备有关，另一方面跟公司的理念和项目要求有关

此处要设计一个终压裁切机构

物料流动

图7-1 一台设备上的某个工作机构

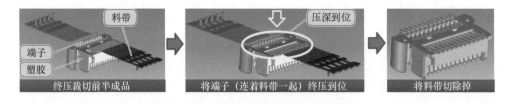

料带

端子
塑胶

压深到位

终压裁切前半成品　　　将端子（连着料带一起）终压到位　　　将料带切除掉

图7-2 需要完成的压深和裁切工艺

析后采用凸轮机构。

2. 寻找和匹配既有资源

一时半会儿没有找到可以拿来就用的案例机构，但是个人应用仓库有类似的结构可参考，如图 7-3 所示，不存在技术上的构思瓶颈（注：如果没有案例资源，则需要重新设计）。由于是非标机构，换个设计人员，可能设计方式或案例储备不一样，这是正常的。所谓功夫在平时，如果我们平时的积累足够丰富，了解大多数普通场合的机构设计和构思，几乎可以达到"条件反射式"的状态，反之则思路狭隘乃至捉襟见肘。

3. 牢牢把握住产品生产工艺的重点和难点

每一个具体项目可能要考虑的重点和难点都不一样，而且深度融合产品结构、

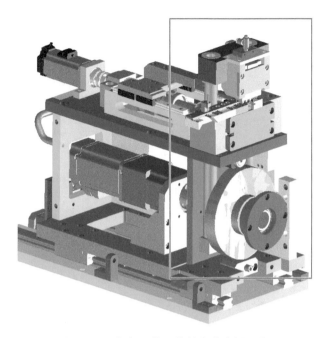

图 7-3　黑框标示的机构符合本案例要求

制造工艺、品质管控等内容，有时候是比较繁琐而麻烦的。这也是我一直强调的，做非标机构设计很特殊，光有娴熟的机构设计能力还远远不够。

　　1）终压和裁切是两个工序，是将它们合并到一起比较好还是分开两个（机构）来实现比较好？由于该设备的总体设计是希望小巧、节省空间，采用的凸轮机构仅起着提供足够动力的作用，只要注意可调性，两个机构并不会相互影响，因此合并是一个比较好的选择。

　　2）为了防止端子弹片的高低错落，一般在压深过程中需要有一个俗称"舌片"的零件抵住弹片，以增强压深过程弹片高度的一致性。由于产品是在设备的流道上走动的，因此需要在该机构设计一个浮动装置，产品过来时处于退出状态（不然会挡到产品），产品就位后伸进其内腔，如图 7-4 所示。

　　3）机构需要共用不同料号的生产，差异主要是塑胶的高度不一样（产品宽度一致），有若干系列，相应地，裁切

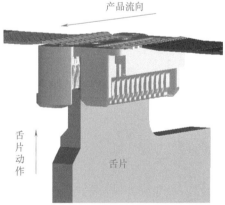

图 7-4　产品和舌片的配合动作

刀具也有一定的互换性设计考量点，如图 7-5 所示。

　　基于一系列的评估后，我们大概就清楚这个机构凸轮之外的部分该怎么做了，并能对应地绘制出相应的构件，设计出运动方案。——这部分内容是重中之重！！！

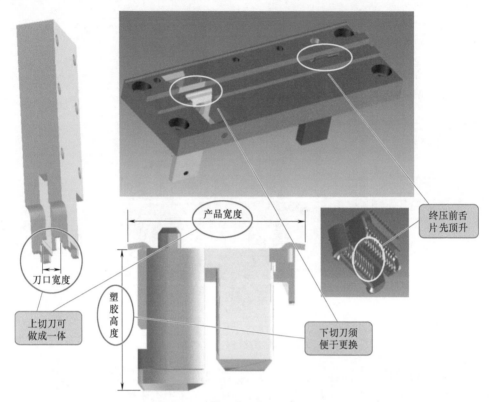

图 7-5　不同料号产品的通用性考虑

4. 根据空间占据和产品工艺选用细分的凸轮机构类型

物料水平线性移动，垂直方向进行终压和裁切，相应的"从动件系统"和终压裁切方向一致，那么比较常见的就是卧式凸轮布局，如图 7-6 所示。

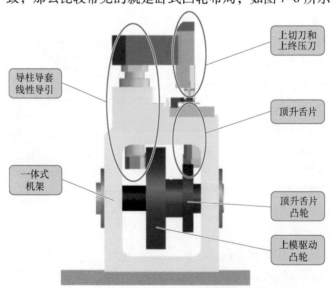

图 7-6　根据空间占据和产品工艺选用卧式凸轮布局

5. 设计从动件系统及其关联传动机构，并绘出时序图

凸轮机构的从动件系统及其关联传动机构如图 7-7 所示。

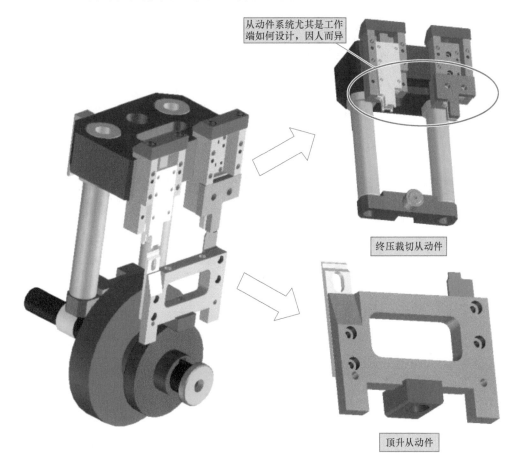

从动件系统尤其是工作端如何设计，因人而异

终压裁切从动件

顶升从动件

图 7-7　凸轮机构的从动件系统及其关联传动机构

本案例的时序图比较简单，也并非高速机构，而且作业周期较长，所以就留给广大读者自行绘制（注：第三日的"每日一测（案例分析题）"）。但是要提醒的是，一般设计新人容易步入以下几个误区：

1）没有牢牢抓住工艺细节，比如本案例在切除料带前需要有一个压紧端子的动作（一般是弹簧压紧块），由于端子比较薄弱且对品质的要求高（正位度和共面度方面），所以在冲切前压块接触到端子前下切刀必须先顶升扶持到位，在冲切后压块离开端子前下切刀才能开始下降退回，否则产品端子可能会被压块挤压变形。如图 7-8 所示的时序图，姑且不论角度分配是否合理，有一个根本性的错误就是没有考虑到上述具体工艺细节。

2）增加不必要的中间停留动作，如图 7-8 和图 7-9 所示，无论是上模还是下模（顶升机构），在本案例里没必要中间停留，可假设下用气缸来作业的情形进行

评估确认。

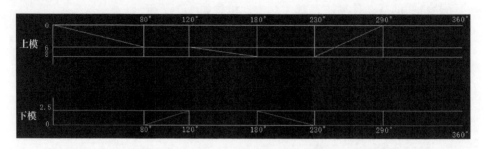

图 7-8　时序图（一）

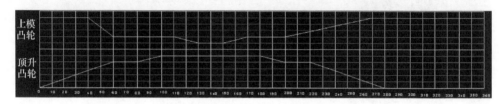

图 7-9　时序图（二）

3）表达不够清晰、准确，如图 7-10 所示，上切刀和成型刀是一片凸轮控制的，不应该有两个运动状况出现，此外上下位置及行程等都没有标示。

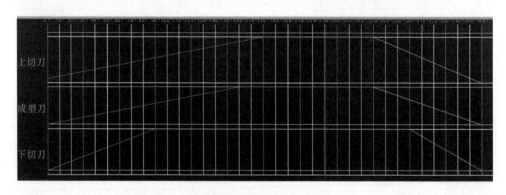

图 7-10　时序图（三）

6. 凸轮、轴系零件、传动机构、动力机构、辅助机构、机架等的设计

把该机构的流道、刀具及其导引机构、凸轮轴系零件等一一绘制好，如图 7-11 所示。

7. 动作模拟、构件确认和空间调整

如图 7-12 所示，机架是整体式的设计，那么要如何确保轴系零件的拆装呢？应先装什么后装什么？拆卸、调试、维护等是否便利？如图 7-13 所示，进行凸轮动作的模拟和确认，凸轮轴逆时针转动，从原点开始，几度到几度应是哪组机构动作？机构之间有没有干涉或"打架"？

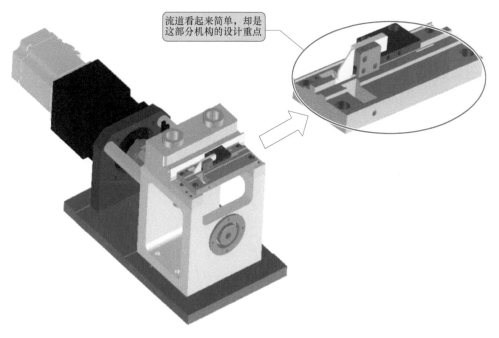

流道看起来简单，却是
这部分机构的设计重点

图 7-11　凸轮、轴系零件、机架等设计

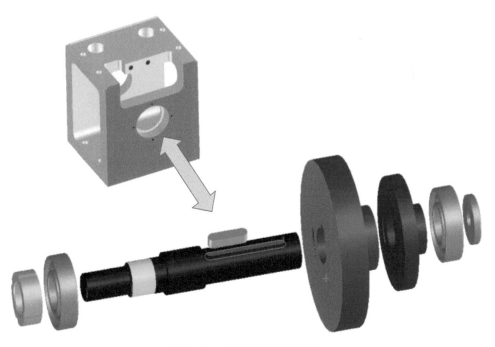

图 7-12　考虑轴系零件的拆装

键槽为原点，
逆时针转动

图 7-13　凸轮动作的模拟和确认

8. 发包制作（略）

最后生产出的机构如图 7-14 所示。

图 7-14　机构 3D 图（左）和机构实物（右）

7.2　一款机械式的立式凸轮机构

下面再给大家介绍一款机械式的立式凸轮机构（设备）。这是一个比较经典的案例，具体设计流程一笔带过，仅给大家强调一些设计构思和凸显设计概念的内容。物料和产品组装工艺如图 7-15 所示，项目工艺很简单，就是把连料端子裁切成片（同时把料带切除），插入塑胶槽孔，再对外露的焊脚进行折弯动作（也叫成形）。

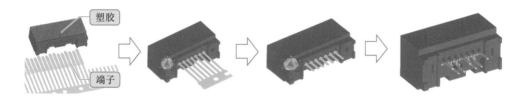

图 7-15　物料和产品组装工艺

1. 项目的评估和实际流程

（1）考虑是否采用凸轮机构　依次考虑技术原则（凸轮机构和普通机构都可以实现）、因地制宜原则（公司倾向于用凸轮机构）、经济原则（所在公司为欧美企业，在设备投入方面的价格敏感度不高，更倾向于品质），该类机构的设计在自己熟悉的范畴，综合分析后采用凸轮机构。

（2）寻找和匹配既有资源　对产品展开并进行流向规划后，如图 7-16 所示，这种工艺属于"YX-Y"类型，即端子和塑胶水平走相同 Y 方向，然后在某个位置进行垂直于 Y 方向的 X 方向装配，相应的可以借鉴的机构比较多，如本书的图 6-11、图 6-14、图 6-17、图 6-18、图 6-19 和图 6-22 所示。如果手头有类似的资源，可以在原来的基础上进行改良，如果缺乏相关的资料，则需从零开始设计。

实战步骤大同小异，按部就班进行即可，该项目机构（设备）如图 7-17 所示。

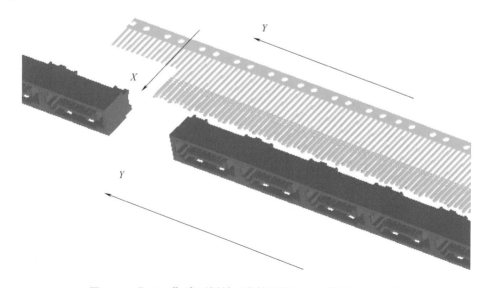

图 7-16　"YX-Y"类型插针工艺的物料展开（如图 6-3 所示）

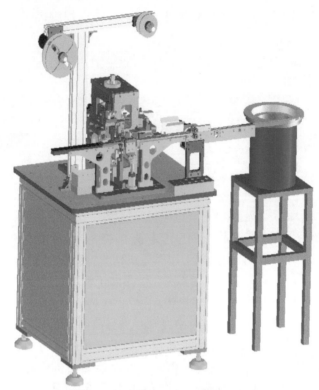

图 7-17　机械式的立式凸轮机构（设备）

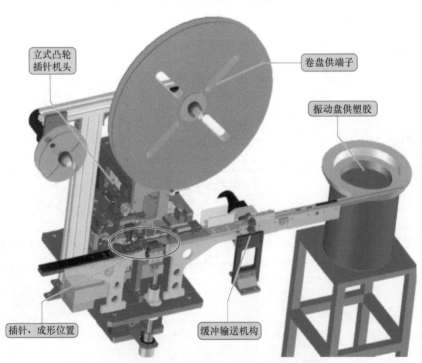

立式凸轮
插针机头

卷盘供端子

振动盘供塑胶

插针、成形位置

缓冲输送机构

图 7-18　凸轮机构的布局（线性流向）紧凑

2. 设备的核心机构细节介绍

（1）凸轮机构的整体布局紧凑　一般来说，凸轮机构的整体布局会做得比较紧凑，一方面是因为凸轮机构的设计人员相对来说对自己作品的要求相对较高，另一方面是因为动力和执行机构之间如果存在太多的中间传动环节不太好。把供料、上料、移料等机构"紧密组合"（见图 7-18），或者共用同一个动力来驱动不同工艺机构（见图 7-19 ~ 图 7-22），是我们在设计凸轮机构时需要有意识去留意和锤炼的模式之一。

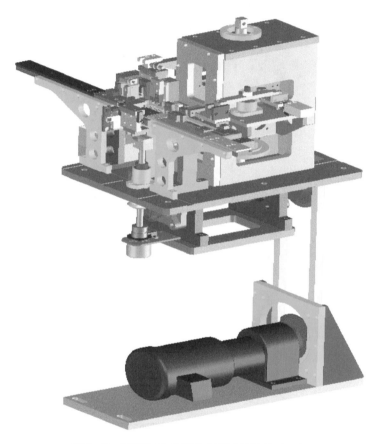

图 7-19　不同机构共用动力驱动的设计（一）

（2）凸轮端与工作端之间的传动机构设计　如图 7-23 所示，送端子的拨爪需要一个动力，如图 7-24 所示，定位塑胶内腔的舌片也需要一个动力，它们都是通过杠杆传递连接到凸轮端。如图 7-25 所示，移塑胶的机构需要一个动力，通过旋转摇臂传递连接到动力轴，摇臂的工作原理示意图如图 7-26 所示。如图 7-27 所示的核心插针机构所需的动力，是通过如图 7-28 所示的摇臂或杠杆传递到插针机构的。

（3）工艺机构的实现方式　本案例的核心机构是插针机构，插针工艺的实现如图 7-29 所示。插针工艺共有三组动作，那么哪个先哪个后，每个动作对应

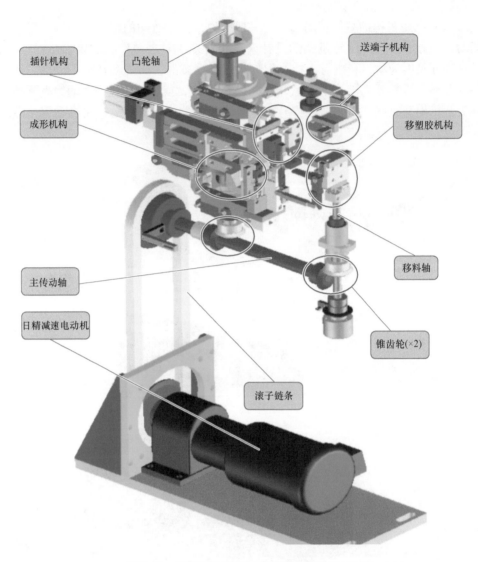

插针机构

凸轮轴

送端子机构

成形机构

移塑胶机构

主传动轴

移料轴

日精减速电动机

锥齿轮(×2)

滚子链条

图 7-20　不同机构共用动力驱动的设计（二）

　　的机构该怎么做呢？这些都是特定行业需要了如指掌的，多数依赖于平时的见识和积累。如图 7-30 所示，成形工艺是通过斜楔机构驱动成形机构和插针机构上下动作来实现的。

　　当对于类似上述案例的学习足够深入时，我们就能举一反三，尝试设计。如图 7-31 所示，也是一个机械式的立式凸轮机构，虽然细节略有差异，但总体的设计思路和细节考量相近。我们在按部就班地设计过程中，如果有对机构整体布局、传动机构设计、工艺机构实现等的通盘考虑和熟稔处理的能力，就完全可以驾驭该凸轮机构的设计工作。

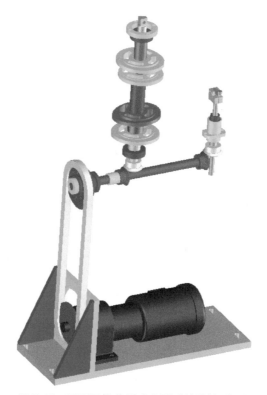

图 7-21 不同机构共用动力驱动的设计（三）

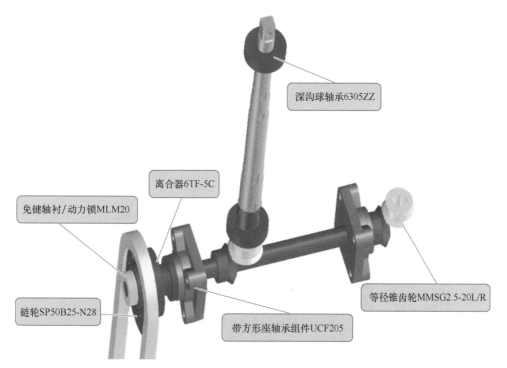

深沟球轴承6305ZZ

离合器6TF-5C

免键轴衬/动力锁MLM20

链轮SP50B25-N28

带方形座轴承组件UCF205

等径锥齿轮MMSG2.5-20L/R

图 7-22 不同机构共用动力驱动的设计（四）

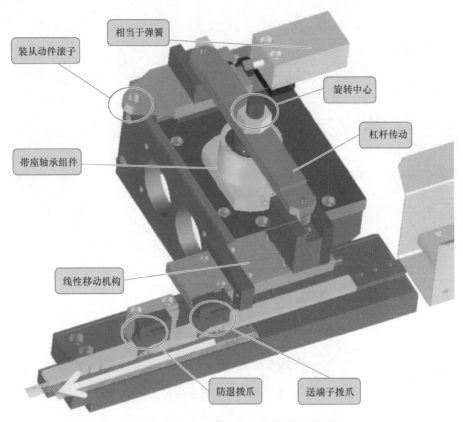

装从动件滚子

相当于弹簧

旋转中心

带座轴承组件

杠杆传动

线性移动机构

防退拨爪

送端子拨爪

图7-23   动力通过杠杆传递到送端子机构

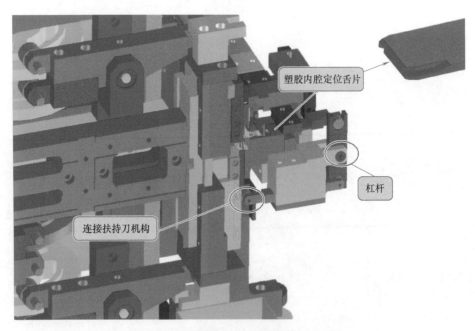

塑胶内腔定位舌片

杠杆

连接扶持刀机构

图7-24   动力通过杠杆传递到顶舌片机构

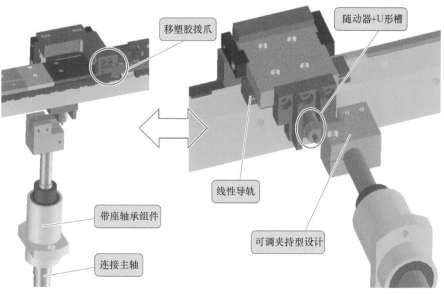

图 7-25　动力通过摇臂传递到移塑胶拨爪

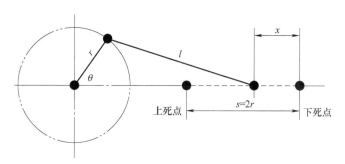

图 7-26　摇臂的工作原理示意图

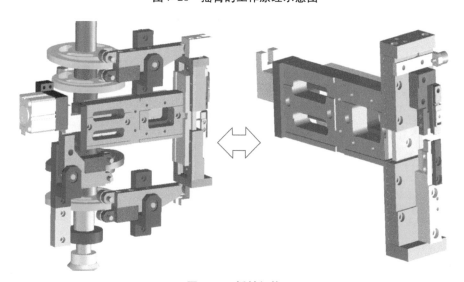

图 7-27　插针机构

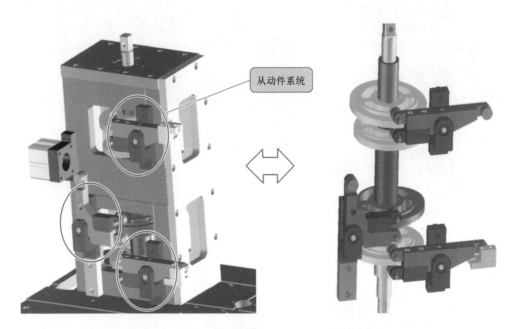

图 7-28 动力通过摇臂或杠杆传递到插针机构

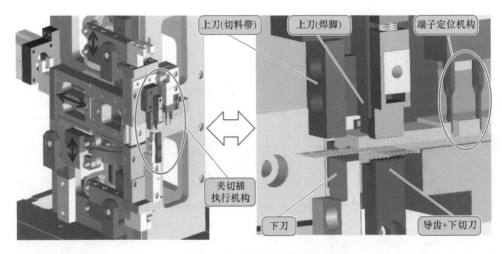

图 7-29 插针工艺的实现

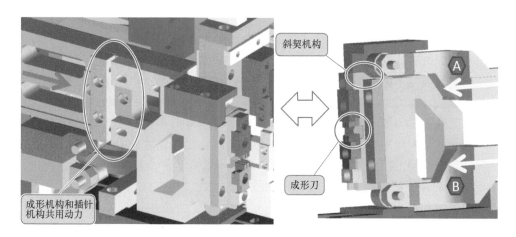

图 7-30　成形工艺的实现

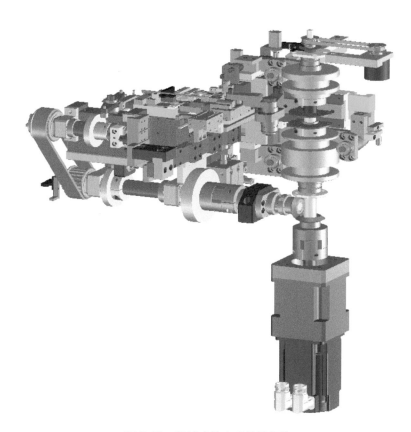

图 7-31　机械式的立式凸轮机构

小结（见图 7-32）

从上述案例的设计构思流程来看，凸轮及动力系统在这个机构的作用相当于气动机构的气缸，并不是该机构的设计关键。换句话说，能不能画凸轮只是个原理性问题，但能不能最终设计出这个机构，则和工艺排配、机构形式选择、从动件与流道设计等的处理能力息息相关，不同设计者往往有不同的处理结果，请读者们尤其注意学习的对象和重点。比方说现在给读者们布置一个作业，让您依葫芦画瓢做一个同样的机构，那么您的重点就应该放在凸轮之外的部分，而不是放在如何绘制凸轮上。凸轮机构设计的技术含量应该体现在以下四个方面：

（1）时序图的绘制　反映设计者对凸轮机构在"时"与"序"方面的掌控，包括总体的和细节的。

（2）从动件系统的设计　尤其高速要求时，要做动力学和运动学的综合分析，理论性强，较麻烦。

（3）凸轮的绘制　借助于强大的计算机和专业软件（等于教材上那些可怕的理论障碍其实通过这种形式已经扫除了），以及前人的一些理论总结，反而不是个难点。

（4）凸轮组在轴上的布局　考验设计者的基本功，比如轴系零件如何连接固定，怎样校核轴的强度，空间布局上有什么讲究等。

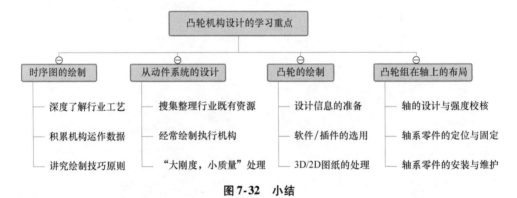

图 7-32　小结

 **每日一测**（实践题）

请通过各种渠道搜集 5 套不同类型（立式、卧式均可）的凸轮插针机构案例。

学习心得

部分设计经验

（注：来源于工作资料的总结，仅供参考）

➡ 关于"一轮多用"和"一轴多用"

为了构件紧凑和材料节省，有时可以将两片凸轮整合到一片凸轮上，如附图 1 和附图 2 所示，有时也直接将若干片凸轮（尤其是小尺寸凸轮）设计到同一根轴上（如发动机的驱动轴），如附图 3 所示，相当于一个零件综合实现两个及以上功能。

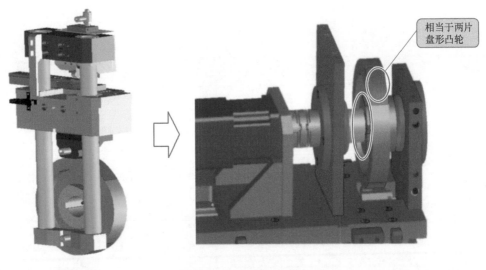

相当于两片
盘形凸轮

附图 1　"一轮多用"（一）

➡ 关于凸轮端与工作端之间的传动机构

从大量案例分析来看，绝大多数的从动件系统都采用"摇臂或杠杆 + 滑槽滑块"方式，当然也有把摇臂或杠杆这个环节省略掉的情形，这样设计理念和运行效果在理论上会更好，典型的从动件系统及传动机构设计如附图 4 所示。具体采用什么样式的传动机构，其实与凸轮端和工作端的距离，以及机构空间布局等因素有关，原则上能不用传动机构就不用。

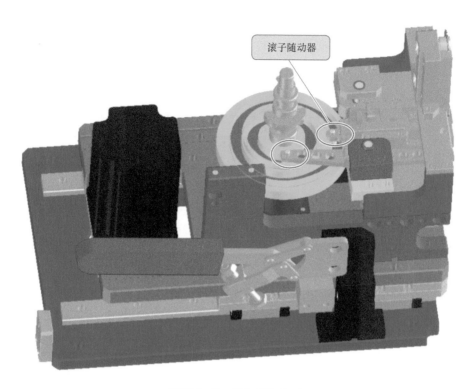

附图2　"一轮多用"（二）

附图3　"一轴多用"

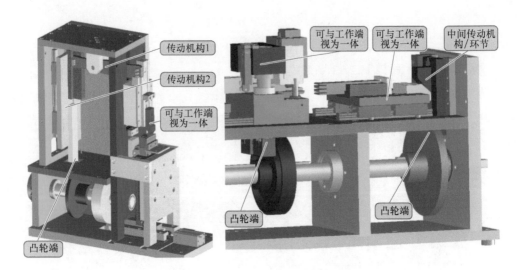

附图4　典型的从动件系统及传动机构设计

➡️ 关于凸轮机构的"多轴设计"

　　传统的凸轮机构整合模式，是若干个凸轮机构共用一个驱动装置/动力，如附图 5 所示。这种做法对各机构时序设计的精确度要求较高，同时不利于后续的调整维护，因此慢慢地有些企业倾向于模块化、柔性化的探索。如附图 5 所示，每组执行机构及凸轮由单独的电动机驱动，这样在绘制时序图时即便有偏差也能根

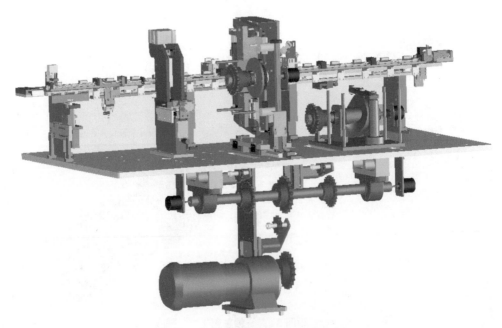

附图5　共用驱动装置/动力的凸轮机构

据实际运行效果调整到一个比较好的状态，当然代价是成本略高，编程控制稍微麻烦点。

➡ 关于凸轮机构的调试和运行

　　相对来说，凸轮机构的可调性比较弱，当出现作业不稳定的情形时，不太好调整。比如用于压深的产品，如果压深不到位，行程又改动不了，则一般是调整起点位置；凸轮在运行过程中，必须有侦测异常状态的功能机构，如附图 6 所示为常用方式之一。有些研发性质的场合，可能会有调整和更换凸轮的需要，则可以将其"一分为二"，便于在不动凸轮轴的前提下装卸，如附图 7 所示。

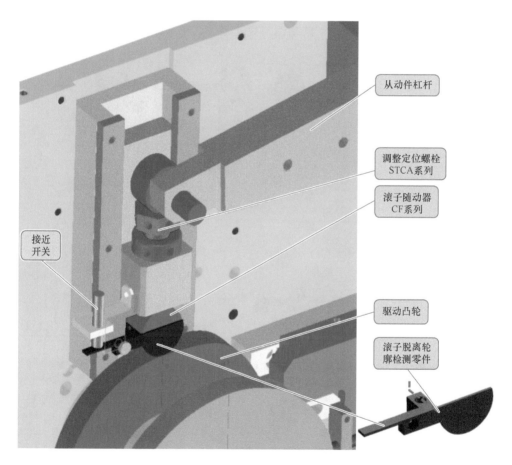

从动件杠杆

调整定位螺栓
STCA系列

滚子随动器
CF系列

接近
开关

驱动凸轮

滚子脱离轮
廓检测零件

附图 6　考虑运行异常状态侦测和位置调整的设计

➡ 关于凸轮轴系零件的布局模式

　　如附图 8 ~ 附图 10 所示，绝大多数凸轮机构的轴系零件布局模式均采用"固定-铰支"模式，固定端用角接触球轴承（能承受一定的轴向力），铰支端用深沟

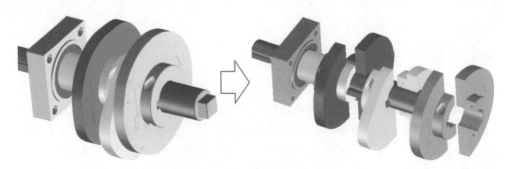

附图7　凸轮"一分为二"的设计

球轴承（仅承受径向力），不同的结构对应的零件大小和标准件规格略有差别。

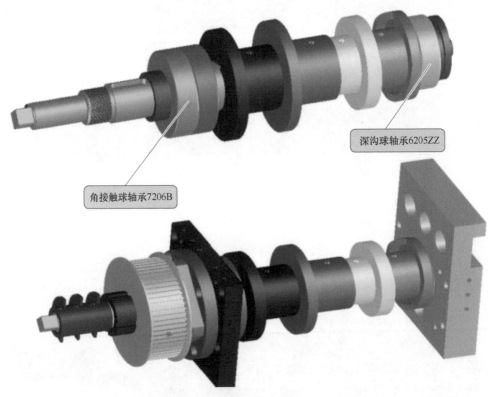

深沟球轴承6205ZZ

角接触球轴承7206B

附图8　一端固定一端支撑的"固定-铰支"布局方式（一）

➡ 关于高速凸轮机构的性能发挥

　　我在时序图绘制的相关章节提到"当动作驱动形式，除了凸轮组还有其他类型机构时，往往会有时间瓶颈"，因此为了发挥高速凸轮机构的性能，也要注意优化其他类型机构的设计。如附图11所示，凸轮机构完成的是将端子插入到塑胶的

附图9　一端固定一端支撑的"固定-铰支"布局方式（二）

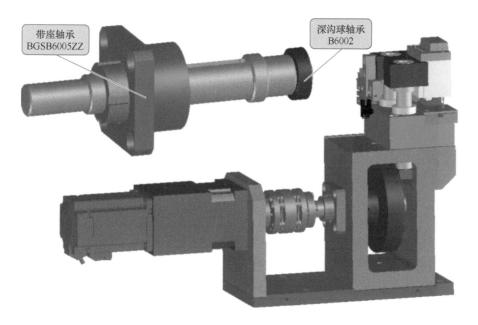

附图10　一端固定一端支撑的"固定-铰支"布局方式（三）

插针工艺，由于每插一个端子需要塑胶移动一个间距，因此一方面我们需要注意尽量减小插针工艺的行程（哪怕是1mm都有意义），另一方面也要尽量减少移动塑胶的时间，采用双拨爪交替搬移塑胶便是有效的手段之一。（注：如果是单个拨爪，每次插完针后，拨爪需要复位，这个时间内插针机构需要等待；双拨爪则保证了一个拨爪复位前，另一个拨爪已经在移动物料，这样插针可以持续进行，几乎不用等待。）

➡ 关于动力电动机的功率

许多设计新人对于动力电动机的选型往往无从下手，这是正常的。事实上不

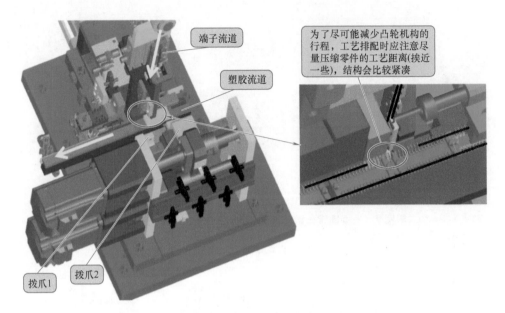

附图 11　减少移料时间的双拨爪结构

是任何机构或工况都能"计算"出准确数据，有时需要通过试验摸索或者案例试错。因此，对于特定的机构而言，要选用一个电动机，工况、条件明确的场合可以通过计算来达成，但有一些很难计算的场合也可适当借鉴案例或经验来辅助判断，尤其是面向某个行业的情形，这种方式更粗暴、有效。如附图 12 ~ 附图 14 所示，这样一台设备的主轴驱动大概用了"功率为 1.5kW 的电动机 + 减速比为 32 的减速器"；如附图 15 和附图 16 所示，这样一台设备的主轴驱动大概用了"功率为 750W 的电动机 + 减速比为 25 的减速器"；如附图 17 ~ 附图 19 所示的凸轮机构，分别用了"功率为 200W 的电动机 + 减速比为 9 的减速器"、"功率为 400W 的电动机 + 减速比为 1.5 的同步带传动"、"功率为 200W 的电动机 + 减速比为 2.5 的同步带传动"。通过类似这样的大量实战案例总结，我们就可以做到"心中有数"（单个凸轮机构的驱动扭矩大概在几 N·m，如果是做成共用驱动装置，假设带动四组类似的凸轮机构，则主轴所需驱动扭矩大概是几十 N·m），哪怕跳过计算环节也能选个八九不离十，反之，通过计算也能进一步修正和优化动力装置的选型（如附图 12 所示的设备采用功率为 750W 的动力电动机问题也不大）。

➡ 关于凸轮机构的标准化模组设计

　　装配成本的控制，除了在人力、制造流程、原材料上做改善，标准化设备的推行，也是一个助益很大的方向。标准化设备的推行，具有节省投资、提高设备利用率的积极意义。我们只要保留设备关键机构，将标准化部分挪用到急用或有用的场合，即可大大提高机具利用率，并且不会妨碍生产的顺利进行，因为标准化部分随时可以从其他生产线调用。虽然凸轮机构的柔性较差，但有些场合还是

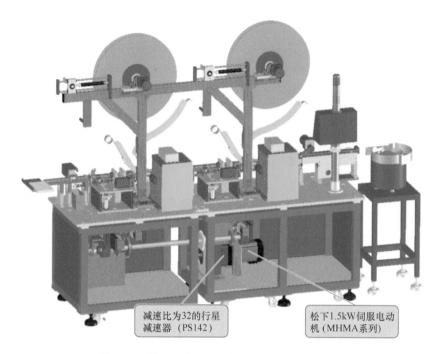

减速比为32的行星减速器（PS142）

松下1.5kW伺服电动机（MHMA系列）

附图 12　共用驱动装置/动力的凸轮设备 A（一）

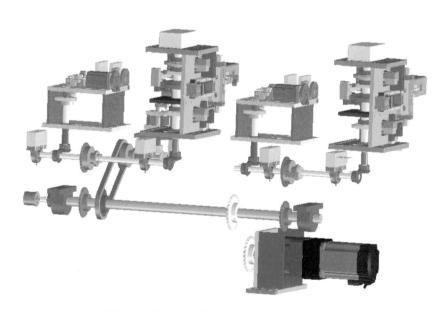

附图 13　共用驱动装置/动力的凸轮设备 A（二）

可以规格化的，做成相同或相近的结构，这样可以拿来就用，提高效率，也能通过重复利用来减少成本，如附图 20 所示。

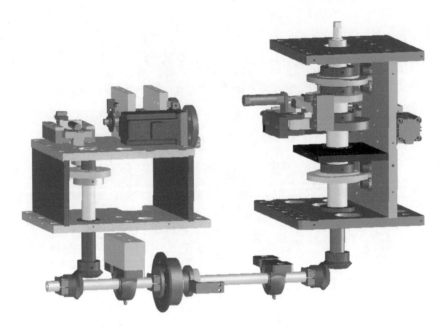

附图 14　共用驱动装置/动力的凸轮设备 A（三）

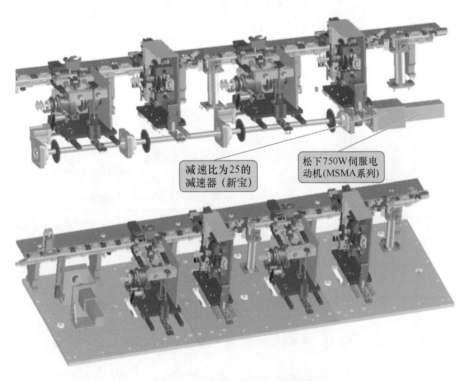

减速比为25的减速器（新宝）

松下750W伺服电动机(MSMA系列)

附图 15　共用驱动装置/动力的凸轮设备 B（一）

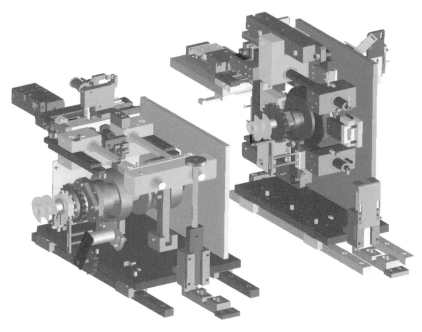

附图16　共用驱动装置/动力的凸轮设备 B（二）

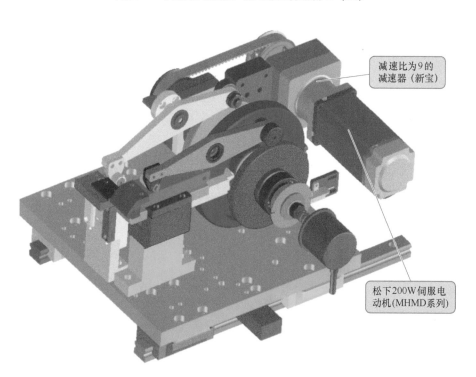

减速比为9的
减速器（新宝）

松下200W伺服电
动机(MHMD系列)

附图17　排插凸轮机头（一）

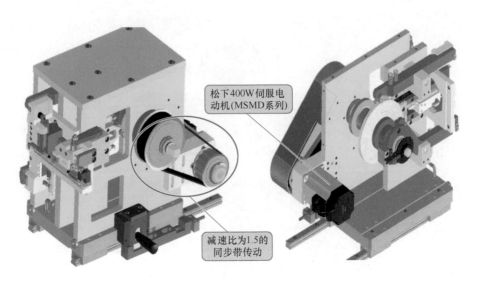

松下400W伺服电动机(MSMD系列)

减速比为1.5的同步带传动

附图18　排插凸轮机头（二）

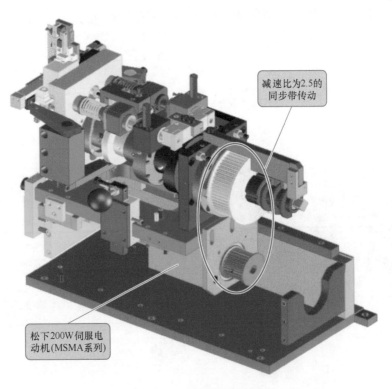

减速比为2.5的同步带传动

松下200W伺服电动机(MSMA系列)

附图19　单插凸轮机头

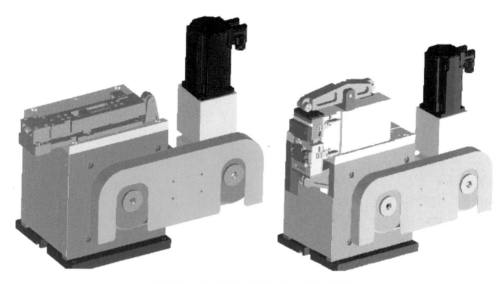

附图20 设备标准化的示意（框架通用）

 附录测试（问答题）

1. 请谈一谈你对凸轮机构"多轴设计模式"的认识，其与一般的单轴驱动（若干凸轮）模式相比，优缺点表现在哪些方面？

2. 在连接器行业里，普通的夹切插凸轮机头所用的动力电动机的功率大概是多少？

后 记

　　本书是《自动化机构设计工程师速成宝典》系列的"高级篇"。部分读者可能会有疑问，不是高级篇吗，怎么很少见到"高级内容"（公式、示意图、深度分析等）？事实上，《自动化机构设计工程师速成宝典》与普通教材的定位不一样，主要面向职场不同层次、理论基础薄弱的设计人员（工作经验≤4年），作者期望从"小白阶段"起就帮助这类读者迅速掌握常用机构的设计方法、原则、技巧等，因此从语言到内容都着力于"做减法"和"简易化"，以便读者能更好地阅读和接受。任何一本书都有特定的读者群，如图1所示，所谓的"高级"，指的是本书的读者群相对来说定位在有一般机构设计经验这个层次上，不在设定范围的，例如高级工程师可能阅读起来感到过于简单，建议您改读专业论文或书籍，如《机械设计手册》。

　　非标自动化设计是一个门类庞杂、集大众智慧于一体的工作，只要是有点难度的设备和机构，基本上都是前人经多次失败并不断改善后再传承下来的，偶尔有第一次成功的案例，也属于那20%的从业人员（可能不会是当下的您，不然您不会阅读本书）。因此，一个对（凸轮）机构完全没有概念的设计者，寄希望通过阅读本书一下子转变到所谓的设计高手，那是不切实际的。即便模仿也不是一件容易的事，得做到有理有据。设想一下，连别人的时序图都没看懂，能模仿到家吗，连个时序图都绘制不了，能叫设计人员吗？更别说会有限元分析、懂高等数学、精通工程力学等，这些对绝大多数读者朋友来说，不太有条件或能力来实现。经验至上行不通，过分依赖理论也不行，那怎么办？这就是广大读者选读本书的意义所在（注：《自动化机构设计工程师速成宝典》系列的其他篇也有类似的编写宗旨）。

　　任何具体的工作项目，需要评估和权衡的因素太多了，学习也好，工作也罢，如果您真的想胜任凸轮机构设计工作，除了反复翻阅本书理解设计要义之外，还必须具备凸轮之外的一些机构的设计理念、经验、实践等，缺乏这些基础，哪怕有现成的机构给您抄，估计都可能抄得不伦不类或捉襟见肘。因此，建议广大读者首先攻克本书给大家论述的这些"浅显内容"（注：其实是作者做了很多"化繁为简"的梳理、总结工作，不等于简单、没用，也是我们凸轮机构设计培训内容框架的第一日入门必修课，如图2所示。此外，"自动化机构设计工程师宝典"三部曲框架如图3所示，设计规范和计算内容放在第一部速成宝典"规范篇"了。）一旦入门之后，各人凭自己的悟性、努力和机遇，再去做更深层次的研究（比如类似分割器内部的空间分度凸轮机构设计，可报名参加相关培训课程），这是作者对学习策略上的建议。

　　最后，祝广大读者家庭幸福，技术精进，工作顺利！

柯武龙

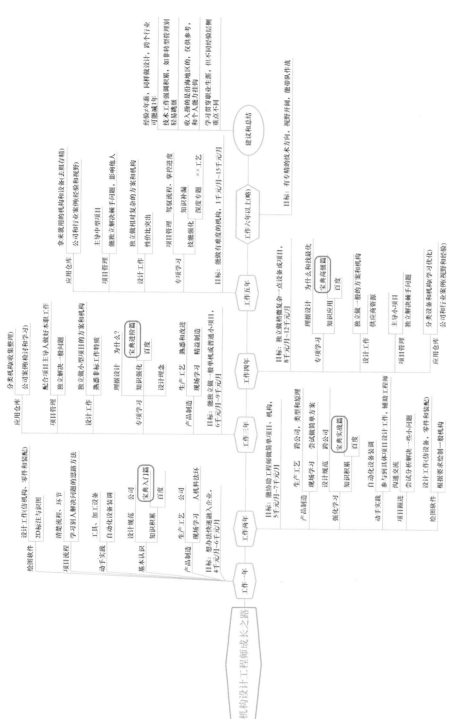

图1　《自动化机构设计工程师速成宝典》系列的读者群和功用定位

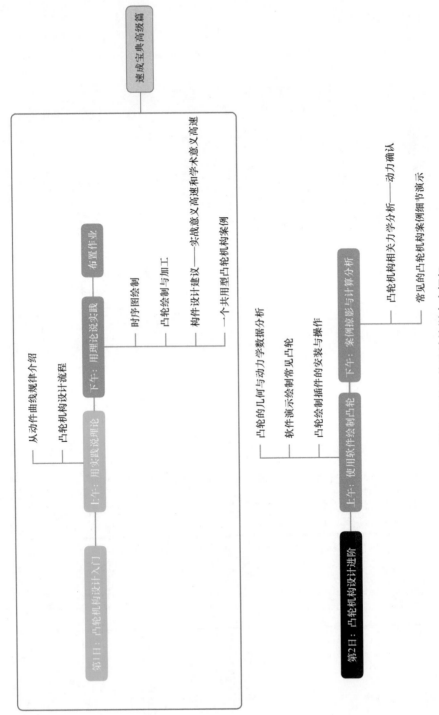

图 2　凸轮机构设计培训内容框架

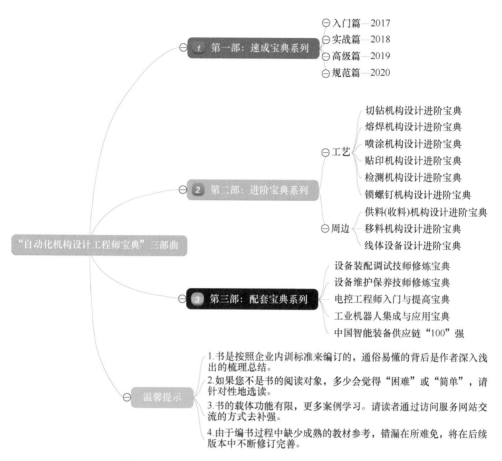

图3 "自动化机构设计工程师宝典"三部曲框架（部分已出版）